葡萄酒的艺术

Wine Grapes

精品葡萄详解

（日）《葡萄酒艺术》编辑部　主编

赵秀云　译

辽宁科学技术出版社

沈　阳

目录

参与问卷调查的生产商：克鲁瓦酒庄 / 西尔万·帕泰庄园 / 雨博酒庄 / 利托雷酒庄 / 克林顿酒庄 / 艾瑞酒庄 / 思露酒庄 / 楠田葡萄酒 / 飞腾庄园 / 安云苹果瑞士村酒庄 / 丹波葡萄酒
采访的生产商：多米尼克·加卢瓦酒庄 / 俞德罗·巴耶酒庄 / 里格–贝拉酒庄 / 雷思诺酒庄 / 雷亚妮&帕斯卡·布雷酒庄 / 花香葡萄园酒庄 / 德布斯酒庄 / 舒格酒庄 / 伊甸山酒庄 / 金目酒庄 / 罗伯特·蒙大菲酒庄 / 东方别墅酒庄 / 山崎酒庄 / 贵彦酒庄 / 札幌酒庄

第2章

全球28位生产者作证
赤霞珠激起葡萄酒的无限能量

参与问卷调查的生产商：靓茨伯庄园 / 铁瓦龙酒庄 / 圣圭托酒庄 / 约瑟夫菲尔普斯酒庄 / 保罗霍布斯酒庄 / 彼得利蒙葡萄酒公司 / 库伦酒庄 / 干露酒庄 / 克利皮特酒庄 / 三得利登美丘酒庄 / 小布施酒庄

采访的生产商：拉古斯庄园 / 波菲酒庄 / 忘忧堡酒庄 / 贝卡塔纳庄园 / 骑士酒庄 / 贺兰酒庄 / 山脊酒庄 / 夏普利酒庄 / 里弗森家族酒庄 / 克里夫雷迪庄园 / 鹿跃酒窖 / 银橡木酒庄 / 赫兹酒窖 / 赫尔酒庄 / 兰卡斯特庄园 / 万滋葡萄酒 / 竹田葡萄酒

第3章

全球27位生产者作证
白葡萄品种之王——霞多丽

参与问卷调查的生产商：拉芳酒庄 / 勒弗莱酒庄 / 埃玛纽埃勒·胡隆酒庄 / 拉格德酒庄 / 吉斯特勒酒庄 / 克林顿酒庄 / 露纹酒庄 / 候德乐溪酒庄 / 百子莲酒庄 / 朱利安查德酒庄 / 武田葡萄酒 / 莫西亚城堡酒庄

采访的生产商：丹尼尔尚爵酒庄 / 香皮酒庄 / 米歇尔·布泽赫酒庄 / 伯努瓦恩特庄园 / 文森特·丹瑟酒庄 / 丹尼尔·伯伦酒庄 / 彼特麦克酒庄 / 雷米酒窖 / 马坦萨斯溪酒庄 / 格吉弛黑尔酒庄 / 柯利弗酒园 / 威迪酒庄 / 埃斯坦西亚酒庄 / 托马斯福格蒂酒庄 / 城户酒庄

葡萄品种介绍

增进对葡萄酒的理解

如今有越来越多的人开始关注酿酒时用到的葡萄品种。

在半个世纪前关注葡萄品种的人还寥寥无几。

当时人们并不关心葡萄酒是哪个庄园或者哪个产区的葡萄酿造出来的，

再或者用哪一个品种的葡萄酿造出来的。

但是，随着标明葡萄品种的瓦莱城塔尔葡萄酒的热销，人们开始关注酒标上所记录的葡萄品种了。

葡萄种植与酿造影响着葡萄酒的口味与芳香，不过影响更深的还是葡萄品种本身。

想要揭开葡萄酒的神秘面纱，更进一步对葡萄酒酿造有所理解，就要从葡萄开始审视，并对葡萄酒进行探索。

这样一来，一定会发掘出迄今为止未曾发现的葡萄酒的魅力。

葡萄酒常用葡萄的
六大特点

全世界有1万多种葡萄可以用来制作葡萄酒。葡萄都有
哪些种类呢？葡萄品种中哪些葡萄品种是近亲关系呢？
芳香型品种有哪些？国际上受欢迎的品种有哪些？近年
来，谈论最多的克隆、筛选又是怎么回事？
首先，让我们了解葡萄的基本情况。

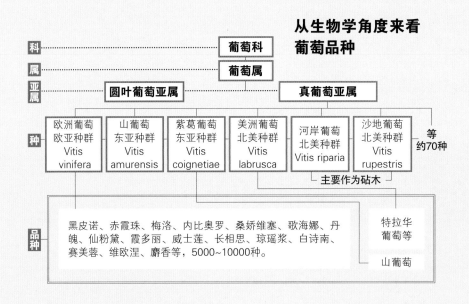

从生物学角度来看葡萄品种

| 科 | 葡萄科 |
| 属 | 葡萄属 |

亚属：圆叶葡萄亚属　真葡萄亚属

种：
- 欧洲葡萄 欧亚种群 Vitis vinifera
- 山葡萄 东亚种群 Vitis amurensis
- 紫葛葡萄 东亚种群 Vitis coignetiae
- 美洲葡萄 北美种群 Vitis labrusca
- 河岸葡萄 北美种群 Vitis riparia
- 沙地葡萄 北美种群 Vitis rupestris
- 等约70种

主要作为砧木

品种：黑皮诺、赤霞珠、梅洛、内比奥罗、桑娇维塞、歌海娜、丹魄、仙粉黛、霞多丽、威士莲、长相思、琼瑶浆、白诗南、赛美蓉、维欧涅、麝香等，5000~10000种。

特拉华葡萄等

山葡萄

在欧洲，作为葡萄酒原料的葡萄品种大多属于一个"种群"，即欧洲种群，如上页图所示，种群里包括欧亚系的欧亚种群，再加上欧亚种群的欧洲葡萄，东亚种群的山葡萄、紫葛葡萄，北美种群的美洲葡萄、河岸葡萄、沙地葡萄等达到65～70种，其中绝大多数集中在北美和东亚。最开始提到的欧亚种群中也有可供鲜食的品种，而且数量也比较多。另外，为了增强抗病性并保证产量，采用多种群杂交品种来酿酒。

在北美洲，葡萄不仅用于食用，部分地区还用来酿造葡萄酒。而且，在日本，美洲葡萄也广泛用于食用。

关于葡萄酒，其原料不仅包括美洲葡萄，还包括紫葛葡萄（山葡萄）以及这些葡萄的杂交品种。从这个意义上来说，酿造葡萄酒所使用的种群、品种的数量方面，日本是最多的。

顺便多说一句，欧洲葡萄这个名字本身就含有"酿造葡萄酒用的葡萄"的意思。事实上，欧洲葡萄制成的葡萄酒的口味和香气与其他品种酿造的葡萄酒有着明显的区别。美洲葡萄酿造的葡萄酒以其独特的香气，被誉为"狐臭香型""糖果香味"，因而多被葡萄酒爱好者敬而远之。另外，河岸葡萄、沙地葡萄、冬葡萄会单独或者杂交后作为砧木来使用。

欧洲葡萄栽培地域的传播

通常认为欧洲葡萄发源于黑海和里海之间的亚拉腊山一带。之后，经埃及、希腊、罗马，从欧洲南部传播至欧洲北部，并且经过漫长的岁月，不停地自然杂交，出现了很多分支。据《牛津葡萄词典》（*The Oxford Companion to Wine*）记载，现存有5000~10000种。这个庞大的数字讲述了欧洲葡萄所走过的漫长历史。

葡萄酒用的葡萄是在什么样的地域培育出来的呢？

仿佛印证了发源地的风土，欧洲葡萄一般适应比较干燥的气候和贫瘠的土壤。据著名葡萄酒评论家奥兹·克拉克介绍，北半球的北纬32°~51°，南半球的南纬28°~44°是适合栽培的区域。北半球纬度升高是因为大陆板块和洋流的影响。不过，澳大利亚知名的葡萄栽培顾问理查德·斯马特却认为，北半球的葡萄栽培由于直面全球变暖问题，因而担心葡萄园会减少。

严格来说，不同的葡萄品种适应的气候也不尽相同。葡萄酒评论家杰西斯·罗宾逊整理划分出了不同的品种适宜生长地温度带（本书第10页图表），结果却是非常有意思的。多数葡萄种植者认为黑皮诺喜欢寒冷的气候，正如大家所想象的那样，葡萄成熟时气温的跨度非常小，在寒温带和寒带的气候下才会成熟。相反，公认适应性强的霞多丽气温的跨度大。

从OIV（国际葡萄·葡萄酒机构）的数据来纵观全世界的酿酒葡萄的栽培和酿造，可以得知总栽培面积为76亿公顷，自2003年以来一直呈减少趋势。葡萄园的减少主要发生在欧洲。另一方面，尽管10年间葡萄酒的产量时增时减，但总体来看，维持在2.7亿升。另外，从栽培面积来看，排在第

亲

[原产]勃艮第?
黑皮诺

变枝

[原产]勃艮第?
灰皮诺

[原产]勃艮第?
白皮诺

[原产]勃艮第?
莫尼耶皮诺

[原产]德国
皇家马德琳

子

[原产]澳大利亚
圣罗兰

[原产]勃艮第
佳美

[原产]勃艮第
霞多丽

[原产]勃艮第
阿里歌特

[原产]勃艮第
密斯卡岱

据推测为黑皮诺的曾孙

孙

葡萄品种的
亲子关系图

经过多次DNA鉴定之后，终于弄清了各品种之间意想不到的关系。

[原产]莱茵高
米勒图高

[原产]澳大利亚
茨威格

一位的是西班牙，其次是法国、意大利和中国。葡萄酒产量排在第一位的是法国，之后是意大利、西班牙、阿根廷。无论栽培面积还是产量，中国、智利、新西兰等葡萄酒后起之秀都增长迅猛。

血脉相连的葡萄品种

在葡萄酒产地生长着的1万多个欧洲葡萄品种，经历了几千年的时光和无数次的自然杂交，

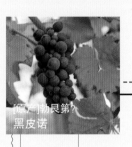

曾孙

兄弟

[原产]罗纳
西拉

[原产]罗纳
维欧涅

繁衍出了很多品种。换言之，常见的葡萄品种中，实际上有很多互为亲子、兄弟、祖孙等关系。品丽珠和黑皮诺的母系和子系都是什么品种呢？通过电视上经常报道的DNA鉴定技术，葡萄品种的亲子关系也逐渐清晰。

DNA的序列可以传达遗传信息。果穗会发育成什么形状，怎样的色泽，会带有什么香气和口味等都属于遗传信息。DNA序列中的绝大部分，几乎所有葡萄都一样。但是，部分序列容易变异，不同的品种这一部分的序列长度亦不相同。将这部分序列的差别（DNA型）像血型那样来比较，就能够鉴定出亲子关系（比起只有A、B、O 3种血型排列组合的血型鉴定精度高）。另外，在引入DNA技术之前，通常根据葡萄叶片形状、树梢前端的形状等，葡萄树的外观相似度来判定是否为近亲品种。但是，外观也会因葡萄的生长环境及病害等发生改变。

法国的INRA（农业研究所）已经从54个国家收集了包括已不再种植的品种在内的5515个葡萄品种

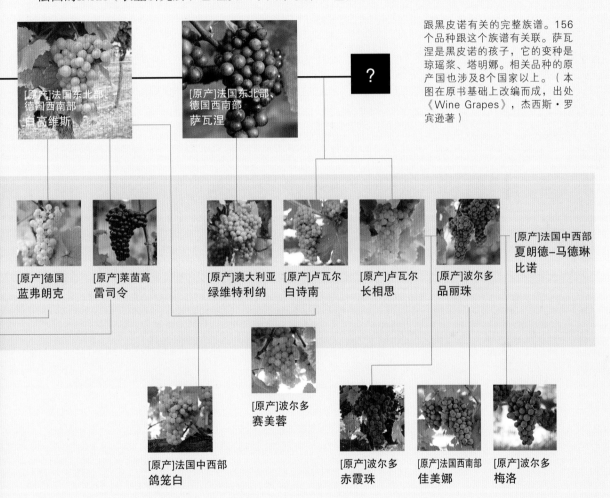

跟黑皮诺有关的完整族谱。156个品种跟这个族谱有关联。萨瓦涅是黑皮诺的孩子，它的变种是琼瑶浆、塔明娜。相关品种的原产国也涉及8个国家以上。（本图在原书基础上改编而成，出处《Wine Grapes》，杰西斯·罗宾逊著）

[原产]法国东北部、德国西南部 白高维斯

[原产]法国东北部、德国西南部 萨瓦涅

?

[原产]德国 蓝弗朗克

[原产]莱茵高 雷司令

[原产]澳大利亚 绿维特利纳

[原产]卢瓦尔 白诗南

[原产]卢瓦尔 长相思

[原产]波尔多 品丽珠

[原产]法国中西部 夏朗德–马德琳比诺

[原产]波尔多 赛美蓉

[原产]法国中西部 鸽笼白

[原产]波尔多 赤霞珠

[原产]法国西南部 佳美娜

[原产]波尔多 梅洛

（含克隆技术）。例如想要找某个品种的子系的话，将其DNA序列与计算机数据相比较就能检索出来。

应用这项技术确定第一对葡萄亲子关系是在1997年。加利福尼亚大学（UC）戴维斯分校的卡洛·梅里德斯（Carole Meredith）等教授认为，赤霞珠的母本可能是白诗南和长相思，一夜之间受到了广泛关注。而且，他们提出正因为是亲子关系，这些品种才拥有共同点，即都有"青草味道"（甲氧基吡嗪）。另外，还揭示了白葡萄品种长出黝黑果皮葡萄的可能性。之后的研究结果还证明了梅洛也是品丽珠的孩子（赤霞珠和梅洛是异母或者异父兄弟！），波尔多地区的主要品种似乎都存在亲属关系。

此外，DNA鉴定还可以根据单亲确定亲子关系。甚至，即使不知道直系父母，也能找到祖孙或者兄弟关系。例如，西拉的父母不明，但可以推断它是黑皮诺的曾孙，和维欧涅是兄弟关系。

另外，还有通过鉴定推翻一直以来公认的说法的案例。在加利福尼亚州最受欢迎的仙粉黛，实际上与意大利的普里米蒂沃（Primitivo）同属一个品种。而且，该品种本身就是由被带入意大利的克罗地亚品种卡斯特拉瑟丽演变而来的。如此，弄清了各种血缘关系就可以描绘出品种之间的血缘关系图。

葡萄品种在酒标中的标注和国际品种的兴起

POINT 4
哪些？ 国际品种有

自20世纪70年代开始，加利福尼亚州改变了一直以来效仿法国标注村庄和田地的做法，而改为将葡萄的品种记入酒标中。即不再标注产地夏布利而改为印上葡萄品种名——霞多丽。这就是瓦莱城塔尔葡萄酒的起源。这种葡萄酒不仅在美国国内受到追捧，而且从新世界开始，迅速在全世界流行开来。与此同时霞多丽这一葡萄品种亦人气高涨。这个原产于法国勃艮第的葡萄品种酿造出的葡萄酒不仅受到全世界人们的喜爱，而且在加利福尼亚、智利、澳大利亚等世界各地都被广泛种植。

这样的动向在其他品种身上也能看到。不仅霞多丽，赤霞珠、黑皮诺、长相思等欧洲品种也开始在世界各地种植。这种传播到世界各地的品种称为"国际品种"。赤霞珠作为红葡萄酒采用的品种栽培面积列第1位，霞多丽作为白葡萄酒的主打品种列第2位。对于不太了解葡萄酒知识的人来说，与其记用各种语言书写的产地名称还不如记葡萄品种更方便。一旦记住了一种葡萄酒的口味及所采用的葡萄的品种名，在某种程度上就可以预测出同一品种的口味。这也是它受欢迎的原因之一。

不过，或许是从国际品种的爆发性人气中回归，最近各国都开始重新审视自己国家的本土品种。比如法国的科特尼姆罗纳河谷的歌海娜、意大利托斯卡纳地区的桑娇维塞、西班牙的丹魄等。

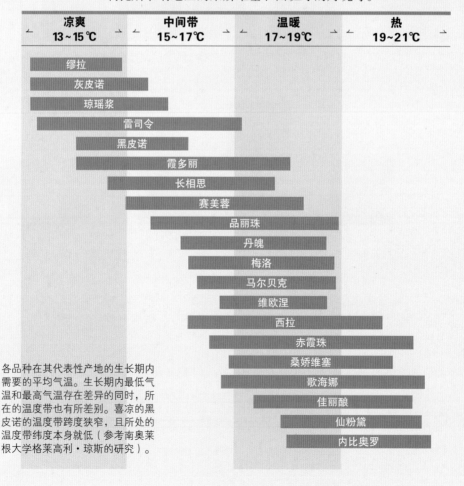

凉爽 13~15℃	中间带 15~17℃	温暖 17~19℃	热 19~21℃
缪拉			
灰皮诺			
琼瑶浆			
雷司令			
黑皮诺			
霞多丽			
长相思			
赛美蓉			
品丽珠			
丹魄			
梅洛			
马尔贝克			
维欧涅			
西拉			
赤霞珠			
桑娇维塞			
歌海娜			
佳丽酿			
仙粉黛			
内比奥罗			

各品种在其代表性产地的生长期内需要的平均气温。生长期内最低气温和最高气温存在差异的同时，所在的温度带也有所差别。喜凉的黑皮诺的温度带跨度狭窄，且所处的温度带纬度本身就低（参考南奥莱根大学格莱高利·琼斯的研究）。

国际品种

同在各国都广泛栽培的国际品种，但具体指哪个品种却说法不一，这里列举最具代表性的9个品种。

1 赤霞珠

2 黑皮诺

3 长相思

4 赛美蓉

5 霞多丽

6 雷司令

7 西拉/设拉子

8 琼瑶浆

9 梅洛

传播至其他国家的主要品种

1.歌海娜	7.仙粉黛	13.白麝香
2.桑娇维塞	8.马尔贝克	14.维欧涅
3.品丽珠	9.日本多瑞加	15.白皮诺
4.丹魄	10.佳美娜	16.玛珊
5.穆合怀特	11.灰皮诺	
6.内比奥罗	12.白诗南	

芳香型品种

麝香系品种中含有大量的沉香醇、香叶醇等物质。带有白色花朵和玫瑰的香气。另一方面，长相思酿造出的葡萄酒其香气的决胜关键就在于3-巯基-1-乙醇（3MH）。葡萄柚等的香气让人印象深刻。

POINT 5 芳香型品种是指什么？

香气特殊的芳香型品种

近年来，芳香型品种这个词被频繁提及。不论什么品种的葡萄酒多多少少都带有一定的香气，其中香气尤为馥郁的品种称为芳香型品种，即用来称呼带有香气的葡萄酒。

香气的强弱，即使是采用同一品种酿造的葡萄酒，也会因酿造年份、产地、酿造方法等的不同，甚至是品酒者的不同而得到不同的感受。因此，一个品种是否属于芳香型往往不能根据经验来直接判断，不同的媒体、组织所评选出来的芳香型品种目录也不尽相同。新西兰酿酒葡萄种植商协会将雷司令、灰皮诺、琼瑶浆列为芳香型品种，而澳大利亚葡萄酒市场协会的目录中雷司令、琼瑶浆等品种同样榜上有名，但却抛弃灰皮诺而选择了长相思和米勒图高。

与之相对，法国的波尔多大学为芳香型品种赋予了明确定义。葡萄酒之所以带有香气，是因为其中含有让我们感受到香气的气味物质，数量有600多种。这些物质相互作用，呈现出不同的味觉印象。其中既有葡萄自身含有的物质，也包括从收获到酿造、发酵的过程中产生的物质。波尔多大学将果汁阶段就能感受到葡萄酒香气的品种划归为芳香型品种。麝香系品种琼瑶浆就属于这一类。

为增加葡萄树而必需的"克隆"

葡萄的"种子"对于葡萄来说就是"孩子"。大家可以回忆孟德尔的遗传法则，孩子虽然继承了父母双方的遗传因子，但其遗传因子未必和父母完全相同。也就是说，即使播下了种子，长出的葡萄树也有很大可能结出跟父母不同的果实。

"接穗"怎么样呢？接穗是采用母本的枝条制作的，拥有跟母本完全相同的遗传因子。乍一听接穗，即"克隆"一词，会让人产生使用了基因操作等最先进技术的特殊感觉，而实际上只不过是利用母本枝条制作而成的。这样做是因为，如果将用特定的母本制作的"克隆"移植入葡萄园，收获量、树势、果穗等和母本完全一样，可以预测出葡萄的生长发育情况。

1950年，法国葡萄病毒蔓延。作为解决对策，必须培育出没有罹患病毒的葡萄树苗。由此，遴选优良的枝条，通过生长点来培育育苗的"克隆筛选"计划开始实施。1962年ENTAV（葡萄栽培普及中心）成立。1971年首例克隆面世，得到ENTAV的认证，克隆开始正式流通。现在，在法国克隆认定需要通过多个病毒测试，至最终获得认定需要8年。已认定的克隆通过序号来管理，正式的标记格式为"ENTAV–INRA® 115"，序号前须标注认定机构名称。

克隆筛选法在法国、美国、德国、意大利、澳大利亚等葡萄酒生产国均在实施。知名的机构有美国加利福尼亚大学戴维斯分校的基础设备服务（FPS）认定的标记为"FPS"（通常会加前缀"UCD"）的克隆。

克隆并不采用认定机构所定的名称，而多以栽培地所用的统称来称呼。另外，同一个克隆在不同的国家称呼也会有变化。第戎克隆是1971年以来ENTAV所认定的一系列黑皮诺克隆的统称。它估计是世界范围内传播最广泛的克隆，代表的有114号、115号、667号、777号等。另一方面，波玛克隆（别名戴维斯克隆）是20世纪70年代加利福尼亚认定的克隆。它是以法国的波玛酒庄的葡萄枝条为基础研发出来的，故而得名。另外，在勃艮第地区耳熟能详的 Fin和Tres Fin虽非正式认定为克隆，但受到ENTAV的合作组织ATVB（勃艮第栽培技术协会）的推崇。

克隆之所以受到种植家和酿酒师青睐，无论法国还是美国，其初衷都是在筛选未患病的植株基础上，确保稳定的收获量。随着时代的变迁，其目的已经转变为获得更高品质的葡萄果穗和果实。

克隆筛选法和精英筛选法

与克隆筛选法相反，精英筛选法是从田地里选择多株理想的植株，利用其枝条来育苗，再植回同一块田地。不过，即使是坚持采用特定田地里多年生长的枝条自主培育，其特点也很有可能发生改变。因生长的土壤、选用的砧木不同导致特点改变就更不必说了。

近年来，拓展新的种植区时，做法大多是先栽植多株克隆葡萄树，之后在公司自有田地里也同时实行精英筛选法。另一方面，有着多年种植历史的田地中同时采用两种方法的情况也在增加。多样性可以规避风险，而且能增加诞生新的口味的可能性。

POINT 6 葡萄克隆的流行

同样是霞多丽，利用克隆技术培育出的葡萄籽粒大小也不同。性格稳定且高产的FPS4（上图）和FPS15（下图）相比，葡萄串和葡萄粒都较大。（照片提供者：Chalk Hill Estate）

黑皮诺
Pinot Noir

酿造者和品酒者都憧憬的极致优雅

* 原产地：法国·勃艮第地区（另有多种说法）
* 葡萄果实特征：果穗呈圆筒形，强壮有力。青紫色，果粒小，呈球形或椭圆形，着生紧密。皮薄。
* 适应的风土条件（气候、土壤）：凉爽的产地，石灰质土壤或黏土质土壤
* 生长速度（萌芽、成熟期）：萌芽和成熟均较早。抗病性较弱。
* 代表性产地：勃艮第、阿尔萨斯、卢瓦尔河上游、茹拉、德国、加利福尼亚、俄勒冈、新西兰。
* 同义词：诺瓦尔恩Noirien（勃艮第）、布洛勃艮德Blauburgunder、斯贝博贡德Spatburgunder（德国、澳大利亚、瑞士）

葡萄信息

代表性葡萄酒

● 新西兰／中奥塔哥
瑞彭酒庄黑皮诺干红葡萄酒2010
瑞彭酒庄
Rippon Mature Vine Pinot Noir 2010
Rippon Vineyard & Winery

带有糖渍樱桃、花香、铁锈味、烟熏的气味，细腻浓缩的果香味，再加上柔和的酸，收放自如。前调重心较低，中段之后，逐渐优雅。矿物质感较强。偏深紫色。利用天然酵母发酵（10%以上为整串）。在橡木桶中陈酿约1年半，25%为新桶。

● 法国／勃艮第地区
香波-慕西尼"老藤"2010
马格尼亚酒庄
Chambolle Musigny "Vieilles Vignes" 2010
Frédéric Magnien

木莓、腌渍的红紫苏、红花、矿物质的香气。适当的酸度和矿物质感细致地融合。酒体轻但自然散发出芬芳，强劲优雅。精致、余味悠长。鲜艳的红宝石色。树龄55年。100%除梗。利用天然酵母发酵，经橡木桶陈酿13个月而成，30%为新桶。

皮薄、抗病性差、栽培困难、产量少，酿造也很难的黑皮诺。以罗曼尼康蒂为首，利用勃艮第伟大的特级园出产的葡萄中诞生了让人欣喜若狂的葡萄酒，令无数人为之倾倒。能诞生让人感动的葡萄酒的环境是有限的，最相匹配的风土条件就是像名酿地（著名酿造地）勃艮第这样拥有凉爽气候的石灰质土壤。伴有酸味的纯正果香、柔和的酸和矿物质感贯穿内部的清澈果香味是它的特征。由于是纤细的单一品种葡萄酒，因而会显著反映出收获年份、风土条件、酿造方法等情况，呈现出多样性。另外，容易土壤变异的黑皮诺在漫长的栽培历史中也经历了多次克隆筛选。各个生产者都会根据风土条件和目的栽培多个克隆品种。

赤霞珠
Cabernet Sauvignon

一贯的厚重骨骼、威严的身躯，是王道中的正统派

品 丽珠和长相思自然杂交后诞生的品种。皮厚果粒小，多酚含量多，且拥有收敛的单宁的葡萄酒现在在全世界都有制造。抗病性强，栽培也较容易，但成熟速度慢。要想等到种子中的多酚完全成熟需要温暖的气候和排水性好的土壤。过去，黑加仑和湿土的香气一起，同被定义为品种特性的青梗，香是来自于未成熟的葡萄中的叫作甲氧基吡嗪的物质的气味。在最适宜的名酿地波尔多地区，受暖流的恩惠，且拥有优良排水性的沙质土壤的格拉夫和梅道克地区多有种植。传统做法是与梅洛等混酿，酿造出酒体均衡、口味繁复的葡萄酒，但在较温暖的新世界地区也有使用单一品种来追求品牌特性的生产者。

葡萄信息

* 原产地：法国·波尔多地区
* 葡萄果实的特征：果穗呈锥形，较小。深黑紫色、球形、果粒小。着生不太紧密、皮厚。
* 适应的风土条件（气候、土壤）：较温暖、气候稳定的产地，排水性好的沙质土壤。
* 生长速度（萌芽、成熟期）：萌芽和成熟均非常晚。树势强。
* 代表性产地：波尔多、西南产区、朗格多克、加利福尼亚、智利。
* 同义词：Bidure/Vidure（波尔多·格拉夫）、北塞Bouchet（波尔多·索泰尔讷、波美侯）

代表性葡萄酒

● 美国／加利福尼亚州
赤霞珠干红葡萄酒2009
赫尔酒庄

Cabernet Sauvignon
Hall

樱桃甜酒、可可、烤肉的香气。单宁和风味物质丰富，酒体细腻、醇厚、庄严。强劲有力，但触感柔和洗练。余味绵长的深紫色。CS为主，辅以CF、M、PV、Mal混酿。法式橡木桶陈酿20个月，新桶占60%。

● 法国／波尔多地区
玛歌2001
美人鱼酒庄

Margaux2001
Château Giscours

黑加仑甜酒、湿土、雪茄的香气。单宁丝滑，醇厚的新鲜果实味道，散发出清凉的矿物质气息，凛然而蕴含深意，余味高贵而安详。呈现出石榴石般的红色。CS65%、M30%、CF5%混酿。橡木桶中陈酿18个月，新桶占30%～40%。

西拉 / 设拉子

Syrah/Shiraz

野性和感官美、不同表情交织在一起的妖艳魅力

* 原产地：法国·罗纳地区
* 葡萄果实的特征：果穗呈圆柱形，中等大小。深黑紫色椭圆形，果粒小。着生不太紧密。皮厚。
* 适应的风土条件（气候、土壤）：温暖产地的干燥气候，含有黏性土质的花岗岩土壤及包囊性土壤。贫瘠的酸性土壤。

* 生长速度（萌芽、成熟期）：萌芽和成熟均非常晚。
* 代表性产地：罗纳、朗格多克、鲁西荣、普罗旺斯、澳大利亚。
* 同义词：瑟瑞Sérine（罗纳 cote rotie）、设拉子Shiraz（澳大利亚）

葡萄信息

代表性葡萄酒

● 澳大利亚／南澳大利亚州
伐木工红葡萄酒2011
托布雷酒园
Woodcutter's Shiraz
Torbreck

洋李子利口酒、花香、矿物质、麝香等异国情调的香气。醇厚浓郁让人无法移开脚步。中段之后却意外地清新脱俗。深紫色。巴罗萨谷。混凝土和不锈钢罐，橡木桶发酵，法式大桶中陈酿12个月。无过滤、无澄清。

● 法国／罗纳地区
哥伦布然地干红葡萄酒2008
让–吕克–哥伦布酒园
Cornas Les Terres Brulées 2008
Lean Luc Colombo

紫罗兰、紫李子、矿物质、黑胡椒、烟熏等香气。野性味与优雅共存、丝滑。蕴含着细致的单宁和酸度、生肉般的野蛮。野性但精致的余味。深紫红色。橡木桶发酵，陈酿18个月。15%新桶。

浓重的色泽、动物生肉的气息、丰富的单宁和酸性造就了强劲骨骼的北罗纳的西拉，经过长时间的发酵散发出紫罗兰和麝香的香气，华丽变身为拥有丝绸般的触感和优雅身姿。偏好温暖干燥的气候，自古以来就有种植，在罗纳河谷以南的法国南部地区栽培较多。在罗地丘和埃米塔日等著名的酿造地，葡萄园位于拥有强烈光照的罗纳河沿岸花岗岩土壤的陡坡上。另外，在澳大利亚，1990年以后设拉子作为代表性品种，栽培面积稳居第一位。从日常餐酒到葛兰许（Grange）等享誉全世界的伟大的葡萄酒、红色的汽酒等，阵容强大。浓郁的浓缩果味口感和强烈的香辛味是设拉子的特性，近年来因风土条件带来的葡萄酒品种多样性也受到关注。

品种的简称／CS=赤霞珠，CF=品丽珠，M=梅洛，Mal=马尔贝克，PV=味而多

梅洛
Merlot

包容一切的柔和的果香味
天鹅绒般的质地

树势强的早熟品种。梅洛在较为凉爽的地区也很容易成熟，因而在世界各地被广泛种植。法国，亦以红葡萄栽培面积第一而傲视天下。在朗多次克和波尔多两海之间地区，日常餐酒用的葡萄也很多，而在波尔多右岸的波默罗和圣艾米利翁，低收获量情况下的精细栽培和精工酿造，诞生了以帕图斯为代表的让人垂涎的伟大葡萄酒。由于生长期间需要适度的水分，故而偏好保水性好的黏性土壤，因此与拥有黏土石灰质土壤的波尔多右岸地区可谓珠联璧合。散发着洋李子和黑加仑等黑色果实及土壤的香气、堪称品种特性的醇厚且紧致的浓缩水果味里融合了风土条件带来的矿物质感。造就了没有棱角的、豁达的、毫不松懈的高品质葡萄酒。在日本也以长野县为代表，各地均有栽培。

葡萄信息

* 原产地：法国·波尔多地区。
* 葡萄果实特征：果穗呈圆筒形、圆锥形。蓝紫色球形，果粒中等大小，着生不太紧密。
* 适应的风土条件（气候、土壤）：温暖产地的稳定气候就不用提了，比较凉爽的区域也能发挥出（独特）特性。保水性好的黏性土壤、黏土石灰质土壤。
* 生长速度（萌芽、成熟期）：萌芽早、成熟比赤霞珠早1周，酸度易减弱。
* 代表性产地：波尔多右岸、朗格多克、意大利、加利福尼亚、智利。
* 同义词：梅尔诺 Merlot Noir、赛美蓉·胭脂 Sémillon Rouge（波尔多）。

代表性葡萄酒

● 美国／加利福尼亚州
梅洛2008
舒格酒庄
Merlot 2008
Schug Carneros Estate Winery

洋李子利口酒、铁、牛奶巧克力的香气。紧致的单宁，醇厚浓郁。酒精度高，因香辛味导致口干。后味发干。深紫红色。索诺玛地区。76%梅洛、14%赤霞珠、10%品丽珠。法国、美国、匈牙利产橡木桶中发酵，陈酿2年，20%新桶。

● 法国／波尔多地区
普佩尔2007
普佩尔酒庄
Poupille2007
Château Poupille

洋李子蜜饯、湿土、香烟、可可的香气。单宁和矿物质细致融合，柔和丝滑。醇和深邃、复杂而又平稳的余味。石榴石般深红色。100%梅洛。水泥罐发酵，橡木桶陈酿28个月，70%新桶。

品丽珠
Cabernet Franc

花香与细腻的酸交织而成的
优雅身姿

*原产地：法国·波尔多地区（也有原产西班牙·巴斯克地区的说法）。

*葡萄果实的特征：果穗呈圆筒形、圆锥形，略小。蓝紫色球形，果粒小。着生不太紧密。

*适应的风土条件（气候、土壤）：凉爽及比较稳定的气候。石灰质土壤、黏土石灰质土壤均可种植。

*生长速度（萌芽、成熟期）：萌芽期居中，成熟期比赤霞珠还早。

*代表性的产地：卢瓦尔河中游、波尔多、托斯卡纳、加利福尼亚。

*同义词：布榭Bouchet Franc（波尔多·圣埃美隆和波美侯）、布莱顿Breton（卢瓦尔）。

葡萄信息

代表性葡萄酒

●意大利／托斯卡纳州
帕里奥干红葡萄酒2008
玛奇奥酒庄

Paleo Rosso 2008
Le Macchiole

黑加仑、黑樱桃甜酒、花香、香料、意大利浓咖啡的香气。传递出完全成熟的紧致而又丝般顺滑的酒体。酸和单宁巧妙融合，意境悠远，伸展、强劲而优雅的绵长余味。深黑紫色。保格利地区。小橡木桶中陈酿14个月，75%新桶。

●法国／卢瓦尔地区
柯兰西农2010
柯兰西农酒庄

Chinon Soleil de Coulaine 2010
Château de Coulaine

蓝莓、紫罗兰的花香、香料、新鲜香草的香气。新鲜水灵纯正的果实香味。纯粹的酸和矿物质相融合，不会过于厚重，细腻迷人的余味。通透的红宝石颜色。1994年开始实行有机栽培。人工采摘，利用天然酵母在混凝土罐酿造。

品丽珠俗称赤霞珠之母，主要产于波尔多地区，品丽珠多用来作为添加芳香和酸度的辅助品种与其他品种混酿。不过，近年来对优雅葡萄酒的偏好水涨船高，拥有细腻魅力的这一品种重新受到关注。比赤霞珠早熟，在凉爽地带也容易栽培。高产量加上采用未成熟的果实会因其中含有的甲氧基吡嗪产生青椒的香气。紫罗兰及纯正的果香等细腻的芳香非常显眼，能发挥出晶莹且富有张力的品种特性，要归功于石灰质土壤，白马城堡红葡萄酒等波尔多右岸地区及希侬等卢瓦尔河中游流域诞生了以品丽珠为主体的高品质葡萄酒。另外，受全球变暖的影响，在气温上升的意大利托斯卡纳州的沿海产地和新世界产地，为追求清凉感而喜欢品丽珠的葡萄酒爱好者也越来越多。

桑娇维塞
Sangiovese

只要有适合的风土就可以绽放的
优雅柔情

据说自伊特鲁利亚时代开始就生长在意大利中部的桑娇维塞，在漫长的历史中经过反复的突变和自然杂交，至今较为普及的品种有88种。虽然号称意大利全境栽培面积最大，但以桑娇维塞为主体的葡萄酒主要分布在托斯卡纳、安布利亚、艾米里亚-罗曼尼亚等中部地区。虽然种植广泛，但由于晚熟又挑剔，因而能够酿造出高品质葡萄酒的环境只有很小的一部分区域。从古代就很知名的酿造地基安蒂地区的泥灰质和石灰质土壤的丘陵地带，诞生了散发着熟透了的果实香味和红色花朵、黑橄榄的香气，并且经过长时间陈酿后尖锐的酸度和硬质的单宁紧密融合的精巧葡萄酒。在加利福尼亚等新世界产区，也利用意大利移民带来的葡萄酿造出了果香四溢的葡萄酒。

葡萄信息

* 原产地：意大利·托斯卡纳州、卡拉布里亚州。
* 葡萄果实的特征：果穗呈圆筒形、圆锥形、个头小。蓝紫色球形或椭圆形果粒。（由于克隆的原因有大有小）。
* 适应的风土条件（气候、土壤）：高品质的葡萄需要温差大的大陆性气候、石灰质、泥灰质的贫瘠土壤。
* 生长速度（萌芽、成熟期）：居中、略晚。
* 代表性的产地：托斯卡纳、艾米利亚·罗曼尼亚、安布利亚马尔凯。
* 同义词：布鲁奈罗Brunello、普鲁诺阳提Prugnolo Gentile（托斯卡纳·蒙塔奇诺）、莫里诺Morelino（托斯卡纳）、奈莱洛Negrello（卡拉布里亚）、涅露秋Nielluccio（科西嘉）。

代表性葡萄酒

● 美国／加利福尼亚州
月亮酒庄桑娇维塞干红葡萄酒2011
月亮酒庄
Luna Sangiovese 2011
Luna Vineyards

干无花果、黑橄榄、丁香、烧烤的香气。浓缩果实和橡木桶带来的甘甜和黑胡椒风味让人印象深刻。带有力量感和野性。含有丰富的强力单宁。深紫红色。纳帕谷。88%桑娇维塞、12%赤霞珠混酿。采用布鲁耐罗的克隆。

● 意大利／托斯卡纳州
经典珍藏康蒂干红葡萄酒2008
阿玛酒庄
Chianti Classico Riserva 2008
Castello di Ama

黑樱桃、木莓、花香、橄榄、香料的香气。矿物质感和酸饱满柔和。浓缩感和清凉感并存，轻快优雅。基安蒂盖奥勒地区。红宝石颜色。80%桑娇维塞和20%玛尔维萨、梅洛、品丽珠混酿。橡木桶陈酿，25%新桶。

内比奥罗
Nebbiolo

真挚传递出土地和酿酒师特性的单一品种葡萄酒

葡萄信息

* 原产地：意大利·皮埃蒙特州阿鲁巴。
* 葡萄果实的特征：果穗略大，呈长圆锥形，个头小。深蓝紫色小粒及中粒。果皮薄但有蜡质包裹、壮实。
* 适应的风土条件（气候、土壤）：适应凉爽产地泥灰岩及火山岩构成的贫瘠土壤。

* 生长速度（萌芽、成熟期）：成熟很晚、多在进入11月之后进行收获。
* 代表性的产地：皮埃蒙特、瓦莱达奥斯塔、伦巴第。
* 同义词：斯帕那Spanna（皮埃蒙特·诺瓦拉）、查万纳斯卡Chiavennasca（伦巴第）、Picoutener（瓦莱达奥斯塔）。

代表性葡萄酒

● 意大利／皮埃蒙特州
卡莱玛经典干红葡萄酒2007
卡莱玛内比奥罗合作社
Carema Classico 2007
Produttori Nebbiolo di Carema

紫罗兰、紫李子、矿物质等鲜爽的香气。纯正的果实味和让人心情愉悦的酸度和矿物质交融在一起。质朴却又清爽活泼的魅力。透明质感的淡红宝石颜色。1960年成立了合作社。产自向阳陡坡的阶梯状葡萄园。水泥罐发酵，大橡木桶陈酿。

● 意大利／皮埃蒙特州
巴罗洛2008
皮欧酒庄
Barolo 2008
Pio Casera

黑樱桃、茴香、烟熏味。浓缩果味中蕴含着单宁、有张力的酸、矿物质感。细腻甜美、口感复杂。带有石榴石的红色。库尼奥地区。将多个村庄产的葡萄混酿而成。不锈钢罐发酵。30%法式小橡木桶，70%橡木桶，陈酿3年。

因为开始出现浓雾的11月左右成熟而得名。在当地方言中，内比奥罗就是"雾"的意思。虽然仅在以皮埃蒙特为中心，瓦莱达奥斯塔州、伦巴第州北部等意大利西北部极有限的区域内有少量栽培，却产生了号称意大利酒王的巴罗洛等多支著名的葡萄酒。大量的强劲的单宁和紧致的酸度，到适合饮用的口感需要很长时间，因此各DOCG都规定了长达数年的陈酿时间。陈酿后的葡萄酒散发出紫罗兰和甘草等甜美香气，意味深远优雅。经长时间的橡木桶陈酿后容易变成透明的石榴石颜色也是这个品种的特征。通常只用单一品种酿造，因此很明显地反映了风土特征和酿造特性。希望大家也关注下朗格地区以外的内比奥罗的不同特征。

歌海娜
Grenache

让人联想到烈日般浓烈的果香味和香辛味

起源于西班牙的歌海娜（西班牙称为加尔纳恰Garnacha），是以地中海沿岸为中心传播和广泛栽培的品种。喜好炎热干燥的地中海气候，在法国，罗纳、朗格多克、鲁西荣、普罗旺斯等南部多个产地均有栽培。皮薄颜色浅但上糖快，能酿造出果实的浓缩感和酒精度丰富的葡萄酒。草莓果酱及黑胡椒的香气、酸度稳定慢慢蔓延的有力而带有香辛味的酒体是它的特征。为了突出单宁和酸度，多与西拉等品种混酿或者混合。抗氧化性比较弱，通常采用混凝土罐和大橡木桶酿造。另外，在罗纳地区，也用来酿造带有香辛味的干口桃红葡萄酒等酒精度高的天然甜口葡萄酒。

葡萄信息

* 原产地：西班牙·阿拉贡（也有原产于意大利撒丁岛的说法）。
* 葡萄果实的特征：果穗大小从中等程度到略大，果粒呈球形，个头中等。
* 适应的风土条件（气候、土壤）：炎热干燥的地中海气候、沙砾、混有小石块的干燥偏酸性土壤。
* 生长速度（萌芽、成熟期）：萌芽早，成熟非常晚。
* 代表性的产地：西班牙、罗纳、朗格多克、北塞、普罗旺斯、科西嘉、撒丁岛。
* 同义词：加尔纳恰Garnacha（西班牙）、卡诺那Cannonau（撒丁岛）。

代表性葡萄酒

● 西班牙／马德里
巫女阿贝莉亚干红葡萄酒2011
Comando G酒庄
La Bruja Averia 2011
Comando G

糖水草莓、红色花朵、烟熏、烤肉、略带黑胡椒的香气。浓缩果味中融合了香辛味，浓烈与鲜爽并存。粉状的单宁和黏稠的矿物质感使得酒体不易松懈。紫红色。D.O.马德里。海拔850米的2.5公顷葡萄园。

● 法国／罗纳
瓦给拉斯2010
教皇新堡酒庄
Vacqueryras 2010
Domaine de la Charbonnière

草莓果酱、铁、黑胡椒、干木柴的香气。具有浓缩感、感受到甜度的果味中，干涩的单宁和香辛味恰到好处，野性味是重点！紫红色。60%歌海娜、40%西拉混酿。人工采摘，100%去梗。不锈钢罐和大橡木桶发酵。与酒泥一起陈酿6～8个月。

霞多丽
Chardonnay

反映了风土条件和风格的完美无瑕的葡萄

* 原产地：法国·勃艮第地区马孔内。
* 葡萄果实的特征：果穗呈圆筒形，大小从中等程度到小型，成熟果实带有琥珀色的金黄色球形小粒，皮薄。
* 适应的风土条件（气候、土壤）：适应多样气候，在凉爽地带的泥灰质和石灰质土壤上会诞生伟大的葡萄酒。

* 生长速度（萌芽、成熟期）：萌芽非常早，易受到晚霜的影响。成熟也略早。
* 代表性的产地：勃艮第、香槟大区、朗格多克、鲁西荣、加利福尼亚、智利。
* 同义词：勃艮第香瓜Melon d' Albois（汝拉）、布兰奇Epinette（香槟大区）、圣玛丽Petit Sainte-Marie（萨瓦）。

葡萄信息

代表性葡萄酒

● 美国／加利福尼亚州
俄罗斯河谷达顿牧场霞多丽2010
帕兹酒庄
Dutton Ranch Russian River Valley Chardonnay 2010
Patz & Hall
蜜渍橙子、黄桃、烤肉的香气。醇和的口感。浓缩果味中融合了柔和的酸。微微的香辛味与优雅的余韵宁静绵长。艳丽的黄色。索诺玛。几乎无灌溉的葡萄园。天然酵母发酵，100%MLF、法式橡木桶带酒渣陈酿，45%新桶。

● 法国／勃艮第地区
夏布利一级酒园福寿园干白葡萄酒2010
威廉费尔酒庄
Chablis 1er Cru Fourchaume 2010
Domaine William Fèvre
青苹果、酸橙、春黄菊、打火石的香气。感受浓缩果味的同时，因内在的大量紧致的酸和矿物质感，拥有硬度的同时，结构平衡。酒体清澈而有张力。意境深远、安详优雅。淡黄色。福寿园拥有的葡萄园共3.63公顷。树龄在30～40年。人工采摘。

经DNA鉴定，确定霞多丽的父母是黑皮诺和白高维斯。发芽期较早，在寒凉地带容易受春天霜冻的影响，但对风土条件的适应能力强，因此在世界多个产区都有栽培。葡萄自身的潜力大，高产却能酿造出果味丰富的葡萄酒。从日常餐酒到勃艮第蒙哈榭那样的著名的葡萄酒、起泡酒等，品质和多样类型广泛。而且最大的特征是品种特征少。正因为第一层香气稳定，没有特别突出的香气，处于比较均衡的中间状态，才能如实地反映气候条件和酿造方法，从而呈现出不同的风格。通过降低产量，整串压榨，橡木桶发酵及陈酿、MLF的控制、酒渣搅拌等方式也能诞生出经得起长期陈酿的伟大的葡萄酒。

雷司令
Risling
华丽的香气同时显现出来的优美凛冽的美感

雷司令在全世界范围内人气回归，这一现象被称为"雷司令的复兴"。拥有与生俱来的柔和的酸度和清澈的酒体，但它并不是在任何地方都发挥本领，除了阿尔萨斯地区和澳大利亚，意大利北部，在新世界产区，以贫瘠土壤的寒凉地带为中心，诞生了高品质葡萄酒。耐寒，占全世界69%的栽培面积的国家是德国。从甜口到香辛型类型多变，但因为是含有丰富的优质酸度的品种，低收获量的浓缩葡萄酿造出来的葡萄酒，虽柔弱长期陈酿潜力巨大。带有花蜜和香水般华丽的香气，陈酿后散发出灯油般的油香也是其品种特征。为了不失去品种自带的芳香和柔和的苹果酸及优雅，酿造过程中通常回避不锈钢罐及旧的大橡木桶发酵时不能进行的MLF（苹果酸–乳酸发酵）。

葡萄信息

* 原产地：德国·莱茵高。
* 葡萄果实的特征：果穗呈圆形、圆锥形、个头小、黄绿色、成熟时变成金黄色的球形小粒。皮略厚。
* 适应的风土条件（气候、土壤）：寒冷产地、黏板岩，片岩，花岗岩等矿物质丰富的贫瘠土壤。

* 生长速度（萌芽、成熟期）：晚熟。
* 代表性的产地：摩泽尔、莱茵高、阿尔萨斯、上阿迪杰大区（意大利）、塔斯马尼亚、克莱尔谷。
* 同义词：莱茵雷司令Rhein Riesling（德国）、约翰山雷司令Johannisberg Riesling，白雷司令White Riesling（美国）。

代表性葡萄酒

● 澳大利亚／南澳大利亚州
春之谷雷司令干白葡萄酒2011
格罗斯酒庄
Watervale Springvale Riesling S'11 2011
Crosset

柠檬、白花的香气。像咬了一口青苹果时的脆爽新鲜果味。上颚所感受到的柠檬般泼辣的酸度让人印象深刻。没有杂味，后味干涩。人工采摘。仅将流出酒采用天然酵母，不锈钢罐发酵。

● 法国／阿尔萨斯地区
西奥雷司令干白葡萄酒2011
温巴赫酒庄
Riesling Cuvée Théo 2011
Domaine Weinbach

苹果蜜、柑橘、花味香水、矿物的香气。清晰而灵动澄澈的果味中含有丰富的紧致硬质的酸度和矿物感，口腔内留下清爽的感觉。酒体细腻柔和、优雅。带有灰色调的黄色。2005年起实施生物动力法栽培。采用天然酵母在1500～6000L的旧橡木桶中发酵。

长相思
Sauvignon Blanc

散发着丰富的酸味和轻柔芳香的清爽酒体

* 原产地：法国·卢瓦尔地区。
* 葡萄果实的特征：果穗呈圆锥形，个头小，黄绿色，成熟时变成金黄色的椭圆形小粒。
* 适应的风土条件（气候、土壤）：适应各种气候，但如果追求清爽的口感的话要在寒凉地带，石灰质·硅酸岩、砂质土壤等。
* 生长速度（萌芽、成熟期）：萌芽略迟，成熟期居中。树势强。
* 代表性的产地：卢瓦尔中上游流域、波尔多、新西兰、弗留利（意大利）。
* 同义词：白富美Blanc Fumé（卢瓦尔）、白富美Fumé Blanc（加利福尼亚）、穆斯卡特-西万尼Muskat-Silvaner（澳大利亚、德国）。

代表性葡萄酒

● 新西兰／万宝龙
长相思干白葡萄酒2011
多吉帕特酒庄
Sauvignon Blanc 2011
Dog Point Vineyard

醋栗、西番莲、新鲜香草的香气。紧致柔滑的触感，熟透果实的果味中透着灵动的酸度，张弛有度。葡萄柚内皮般的微微的苦涩让整体紧致，后味带有清凉爽口的干涩。淡黄绿色，不锈钢罐酿造。

● 法国／卢瓦尔地区
桑塞尔"布兰奇干白葡萄酒"2011
亨利博卢瓦酒庄
Sancerre"La Vigne Blanche"2011
Henri Bourgeois

葡萄柚、青苹果、酸浆、石灰粉的香气。充分的矿物质感和细腻的酸、微微的苦味，纯正而清爽。紧致而端庄清丽的余味。淡淡的浅绿色。葡萄园的大部分土壤为被称为白垩土的石灰质土壤，树龄超过40年。采用天然酵母和不锈钢罐发酵，带酒渣陈酿。

黑加仑的芽孢、醋栗、葡萄柚、西番莲等，这些代表性的香气主要来源于发酵后出现的硫醇化合物。在被称为"品种范本"的新西兰产区，也为了全面激发出这些华丽的芳香而大多采用低温的不锈钢罐酿造。后味所能感受到的葡萄柚瓤的微苦也是其特征之一。另外，由于属于酸味丰富清爽的藤蔓类品种，因此通常回避MLF。青草香气也经常被当作品种特性，不过这是来自于未成熟的葡萄。在法国的卢瓦尔河上游的石灰质和硅酸质丰富的土壤里，因矿物质的存在而诞生了骨骼强硬的端庄的葡萄酒。另一方面，在温暖的波尔多地区，通过与赛美蓉等品种混酿和橡木桶陈酿等方式，也酿造出了柔滑而醇厚的葡萄酒。

灰皮诺
Pinot Gris

全世界人气上升中！
黑皮诺的突变品种

虽然是白葡萄品种但果皮中带有淡红色的灰皮诺，是由黑皮诺突然变异诞生的品种。酸度稳定，糖度上升快，让人震惊的圆润酒体是其特征，属早熟品种，因而在寒凉地带也容易生长。代表性产地中首屈一指的是将其作为高贵品种之一的阿尔萨斯。利用完美匹配的黏土石灰质土壤生长的低产量葡萄，与土壤自身的矿物质感相融合，诞生了像蜂蜜一样醇厚触感的葡萄酒。除了辣味的葡萄酒，也有利用晚摘和贵腐病葡萄酿造的甜口葡萄酒，饱满的酒体与白肉和酱鹅肝等是绝配。另外，在20世纪70年代，生产出口美国的日常餐酒较多的意大利弗留利，探索高浓缩类型和将果皮放到一起酿制发酵的类型等，追求独树一帜的高品质风格葡萄酒生产者也越来越多。

葡萄信息

* 原产地：法国·勃艮第地区。
* 葡萄果实的特征：果穗呈圆锥形，个头小，略呈粉色的灰色，球形及椭圆形小粒。
* 适应的风土条件（气候、土壤）：多生长于凉爽地带，黏重的黏土质及黏土石灰质土壤。
* 生长速度（萌芽、成熟期）：萌芽、成熟均较早。
* 代表性的产地：阿尔萨斯、澳大利亚、弗留利（意大利）、俄勒冈（美国）。
* 同义词：鲁兰德Ruländer、灰皮诺Grauburgunder（德国、澳大利亚）、皮诺杰治奥Pionot Grigio（澳大利亚）。

代表性葡萄酒

● 意大利／弗留利–威尼斯朱利亚
弗留利伊松佐灰皮诺干白葡萄酒2009
Lis Neris酒庄
"Gris" Pinot Grigio Friuli Isonzo DOC 2009
Lis Neris

糖水白桃、白花、烟熏的香气。柔和的触感、醇厚的酒体中略带橙子的酸度和香辛味，楚楚动人而不松弛。豁达的余味。明朗的小麦色。树龄25年。人工采摘。500L法式橡木桶发酵，采用酒渣陈酿法约10个月。

● 法国／阿尔萨斯地区
灰皮诺半干白葡萄酒2005
雨果酒园
Pinot Gris Jubillee 2005
Hugel et Fils

白桃、香粉、白胡椒、矿物质的香气。紧致丝滑、黏稠顺滑的触感，第一感受略甜。重心低，但存在大量的矿物质成分，光泽透亮有深度。优质高雅的余味。有光泽的金黄色。只选用最高规格产区的葡萄，在好年份生产。大橡木桶酿造，陈酿8个月。

琼瑶浆
Gewürztraminer

鲜明的品种特点是华丽的芳香和醉人的香料气息

＊原产地：德国·巴登-符腾堡州地区原产一说比较有力。

＊葡萄果实的特征：果穗呈圆锥形，个头小，略呈粉色的灰色，椭圆形小粒。着生不太紧密。皮厚。

＊适应的风土条件（气候、土壤）：凉爽地带，略厚重的黏土石灰质土壤。

＊生长速度（萌芽、成熟期）：萌芽早、易受春霜的冻害。

＊代表性的产地：阿尔萨斯、德国、上阿迪杰（意大利）、澳大利亚。

＊同义词：粉红萨瓦涅Savagnin Rose Aromatique（澳大利亚）、塔明娜Traminer Aromatico（上阿迪杰）。

葡萄信息

代表性葡萄酒

● 意大利／特伦蒂诺·上阿迪杰州
琼瑶浆白葡萄酒2011
歌塔希特拉密酒庄
Gewürztraminer 2011
Kellerei Tramin

玫瑰、荔枝、矿物、些许香草的香气。像葡萄粒一样光滑柔顺的触感。鲜活的酸度和香辛味和谐而不突出，与酒体融合，构成了纯真的美味。明朗的辛香型。略浅的黄色。不锈钢罐酿造。

● 法国／阿尔萨斯地区
雷姆贝格琼瑶浆干白葡萄酒2006
马克特佩酒庄
Gewürztraminer Mambourg 2006
Domaine Marc Tampé

糖水杏子、蜂蜜、烤肉的香气。甜味中夹杂着些许矿物质感！黏稠却不厚重，酒体澄澈，浸透到身体中。柔滑中透出香辛味，微甜口。橙色。生物动力法种植。平均树龄50年，橡木桶酿造，酒渣陈酿不低于2年。

拥有荔枝和白玫瑰般的芳香，柔滑的触感，像咬了一口生姜时的味觉冲击等强烈的品种特性。Gewürz在德语中就是"辛辣的，强烈香味"的意思。正因为其独特的风味导致了毁誉参半，但温和的异国风情与强烈刺激性的民族特色料理也是相得益彰。与灰皮诺同样，果皮略带红色，糖度上升快，在阿尔萨斯及德国等比较凉爽的产地能够发挥出品种特性。在阿尔萨斯的玛伯格园等黏土石灰质土壤的著名产地，黏稠紧实的酒体和来源于土壤的矿物质感相融合，诞生了柔滑优雅的葡萄酒。利用晚摘和贵腐葡萄酿造的甜型葡萄酒也非常棒。另外，在意大利北部、上阿迪杰地区的特拉密也生产传统的矿物质感丰富的葡萄酒。

白诗南
Chenin Blanc

具有长时间的陈年能力
释放出高酸度和华丽的香气

原 产于卢瓦尔的白诗南在卢瓦尔河中游流域用于酿造从甜口型、辛香型、日常餐酒到高级葡萄酒、起泡酒等各种葡萄酒。木梨和蜂蜜般馥郁的香气和尖锐的酸度和柔和的透明质感的酒体是其品种特性，但树势强、丰产，如果采用了未成熟的葡萄则会变成只有酸度明显的低质葡萄酒。安茹地区容易发生贵腐病，因此在卢瓦尔左岸也有甜型葡萄酒产地的称呼。另外，在右岸的萨维涅尔的尼古拉·卓利（Nicolas Joly），从很早的时候起就在这一地区采用生物动力种植法，酿造出了充满葡萄能量的伟大的白诗南干白葡萄酒。低产量的白诗南酿造出的高品质葡萄酒，拥有高酸度和风土条件带来的矿物质感，因而有了长期陈年的可能。

葡萄信息

* 原产地：法国·卢瓦尔安茹地区。
* 葡萄果实的特征：果穗呈圆锥形，个头中等到略大，黄绿色，成熟后转变为金黄色的椭圆形小到中等果粒。
* 适应的风土条件（气候、土壤）：如若追求优雅，须在寒凉产地、石灰质、黏土石灰质土壤。

* 生长速度（萌芽、成熟期）：萌芽很早、成熟晚。树势强。
* 代表性的产地：卢瓦尔河中游至上游流域、南非。
* 同义词：卢瓦尔皮诺Pineau de la Loire（卢瓦尔）、施特恩Steen（南非）。

代表性葡萄酒

● 法国／卢瓦尔地区
博马尔金牌甜白葡萄酒2010
博马尔酒庄

Coteaux du Layon Carte d'Or 2010
Domaine des Baumard

蜜渍木梨、黄香李、花味香水、矿物的香气。柔和细腻的甜度温柔地扩散开来。些许的酸度和矿物质感的存在使酒体不黏腻反而带有一种顺滑的清凉感。略淡的黄色。平均树龄35年。采用熟透和贵腐病的葡萄进行压榨后在不锈钢罐中发酵。

● 法国／卢瓦尔地区
山峰园干白葡萄酒2011
予厄酒庄

Vouvray Le Mont Sec 2011
Domaine Huet

木梨、柑橘、白花、石灰粉的香气。透明质感的果味中存在着大量细致的酸度，细腻灵动优美，矿物质感强，冷酷的内涵贯穿始终。宁静有深度、优雅的香辛口味。略淡的黄绿色。人工采摘。自1990年起采用生物动力法。

赛美蓉
Sémillon

上演稳重的酒体
香辛口味、甜口，千变万化

* 原产地：法国·波尔多地区。
* 葡萄果实的特征：果穗呈圆锥形，中等大小。金黄色球形，果粒中等。
* 适应的风土条件（气候、土壤）：较温暖的气候，稳定的地区，夹杂砾石的黏土石灰质土壤。
* 生长速度（萌芽、成熟期）：萌芽成熟均略迟。
* 生长期内需要适度的水分。
* 代表性的产地：波尔多、西南产区、普罗旺斯、澳大利亚。
* 同义词：赛美蓉·麝香Sémillion Muscat（索泰尔纳）、猎人河雷司令Hunter River Riesling（澳大利亚）。

代表性葡萄酒

● 法国／波尔多地区
莱斯珍宝（拉菲）甜白葡萄酒2010
莱斯古堡酒庄

Carmes de Rieussec 2010
Chateau Rieussec

蜂蜜、杏子果酱、橡胶、烟熏的香气。黏稠的重心低的芳香。香气中裹挟着酸度不松弛，惬意悠闲余味的甜型葡萄酒。金黄色。赛美蓉92%、长相思5%、密斯卡岱3%混酿。50%发酵罐，50%橡木桶发酵。橡木桶陈酿18个月。

● 法国／波尔多地区
莱斯之星干白葡萄酒2011
莱斯古堡酒庄

R de Rieussec 2011
Château Rieussec

木梨、杨桃、香粉、略带香草和烟熏的香气。蜂蜜般柔滑有光泽。酸度稳定，但会出现香草风味及香辛味，非常爽滑。麦秆色。赛美蓉采用不锈钢罐发酵，长相思采用新橡木桶发酵。25%在橡木桶中陈酿6个月。

在潮湿的环境中，容易滋生贵腐霉菌的赛美蓉，作为酿造世界三大甜型葡萄酒之一的索泰尔纳贵腐酒的葡萄而闻名于世。但是，索泰尔纳的甜型葡萄酒所感受到的浓郁的香气主要来自于贵腐葡萄，赛美蓉自身的香气却被掩盖了。说起来，赛美蓉本身就是缺乏第一层香气的品种。其特征是洋梨和羊毛脂等内敛的香气，酸度稳定的稳重的酒体。混酿酒较为普遍的法国，塑造香辛味白葡萄骨骼的是赛美蓉，给予芳香和酸爽度的是长相思的功劳。赛美蓉在温暖产地栽培较多，在澳大利亚的白葡萄总栽培面积排行中仅次于霞多丽，位于第2位。适合用橡木桶陈酿，因而近年来多用于生产厚重酒体的香辛型葡萄酒。

维欧涅
Viogier

香水般华丽的芳香和柔和醇厚的酒体

在 罗纳北部的有限地区栽培的葡萄品种。位于花岗岩土壤的陡坡上，只出产维欧涅葡萄酒的两个产区分别为格里叶堡（Chateau Grillet）和康德吕（Condrieu），拥有成熟果实味的同时还有源自土壤的矿物质感的细腻存在。芳香型品种，浓缩感强且纤细精巧，不愧为王者风范。其品种个性为桃子及糖水李子、花味香水等华丽的芳香和艳丽的酒体。为了释放出特有的香气需要有充足的光照，产量低栽培难，据说曾一度陷入濒临绝种的境地。即便如此，自1980年起以美国为中心人气高涨，朗格多克等法国南部及澳大利亚、加利福尼亚等温暖产地，葡萄园面积也在扩大。为增加香气，也会与其他品种混酿。

葡萄信息

* 原产地：法国·罗纳地区。
* 葡萄果实的特征：果穗小。黄绿色，成熟后变成金黄色球形，果粒小。
* 适应的风土条件（气候、土壤）：温暖产地，花岗岩等贫瘠的酸性土壤。

* 生长速度（萌芽、成熟期）：萌芽早，春季易受晚霜冻害，成熟略晚。
* 代表性的产地：罗纳北部、朗格多克、鲁西荣、美国。
* 同义词：没有特别的说法。

代表性葡萄酒

● 美国／华盛顿
维欧涅干白葡萄酒 2011
K酒庄
Viongier 2011
K Vintners

糖水黄桃、洋水仙、香草的甘甜香气。黏稠柔滑的触感。灵动的果味中意外地包含酸度。强劲却又因为香辛味而显得清爽。略淡的黄色。哥伦比亚谷。法式橡木桶中天然酵母发酵、MLF、与酒渣一起搅拌、陈酿。

● 法国／罗纳地区
帕拉特梯田干白葡萄酒2009
弗朗斯瓦·维拉尔酒庄
Condrieu Les Terrasses du Palat 2009
Domaine Francois Villard

糖水白桃、瑞香、矿物、烟熏味相融合、华丽的香气。光泽的酒体中矿物质感和白胡椒的香辛味紧实地存在着。具有成熟果实的果味感，醇和但细腻的结构。略浅的黄色。收获量40hl/ha。橡木桶发酵，橡木桶中陈酿10～11个月。20%～40%新桶。

丹魄 *Tempranillo*

拥有各种称呼的西班牙的珍贵葡萄

在 西班牙各地均有栽培的丹魄，不同的地区拥有不同的名称。本来丹魄就是早熟的意思，在西班牙先于其他品种的黑葡萄，通常从9月中旬开始采收。绽放出黑系果实和花及香料等细腻浓缩的香气，又裹挟着丰富的酸度和单宁，因而，低产量的高品质葡萄酿造的葡萄酒适合长期陈酿。过去，长时间的大橡木桶陈酿的醇熟风味备受推崇，近年来利用小橡木桶陈酿拥有果味丰富的现代口味也开始受欢迎。里奥哈和杜埃罗河岸等作为代表性的酿造地闻名于世。

© Patricia R.Soto/ICEX

葡萄信息

* 原产地：西班牙·里奥哈、纳瓦拉。
* 葡萄果实的特征：果穗呈略小的圆柱形。深紫红色球形。果粒中等大小。
* 代表性的产地：西班牙、葡萄牙、阿根廷、墨西哥。
* 同义词：菲诺Tinto Fino、Tinto del Pais（拉曼查、杜埃罗河岸）、阿拉哥斯Aragonez（葡萄牙）。

代表性葡萄酒

● 西班牙／杜埃罗河岸
宝石翠堡陈酿干红葡萄酒 2009
费南德兹酒庄
Tinto Pesquera crianza 2009
Alejandro Fernandez
黑樱桃、肉桂、枯叶、茴香、甘草、牛奶巧克力、烟熏的香气。细致的单宁和干香草风味相融合的熟透的果味。飘散着恰到好处的野性味道，无杂味、紧实凝练。偏深的紫色。树龄20～40年。美式橡木桶陈酿18个月，装瓶陈酿6个月。

佳美 *Gamay*

轻盈的魅力和细腻的酒体

和 霞多丽与白皮诺一样，由黑皮诺和白高维斯自然杂交而生。过去在勃艮第全域栽培，1395年大胆的勃艮第菲利普公爵下令禁止在黄金海岸种植佳美，致使栽培面积锐减。现在，博若莱地区和马孔内地区为主要产区。其品种个性为草莓、红色花朵、甘草的芳香，单宁较少，魅惑性的味道。适合花岗岩土壤，在由10个村庄构成的博若莱，诞生了反映各个地区风土条件的细腻的葡萄酒。年轻时饮用印象深刻，不同的酒体也可以适当地陈酿。

代表性葡萄酒

● 法国／勃艮第地区
风车磨坊干红葡萄酒2008
路易亚都雅克酒庄
Moulin-À-Vent Château des Jacques 2008
Louis Jadot
草莓、糖水木莓、甘草、泥土、矿物的香气。第一印象温和，但细腻的酸度和矿物质切实存在。整体紧实，自始至终不松弛。安详有张力的余味。耀眼的宝石色。低温条件下保存2～5天后，一边淋皮，一边采用天然酵母在罐中发酵。新桶陈酿1年。

葡萄信息

* 原产地：法国·勃艮第地区。
* 葡萄果实的特征：果穗小。蓝紫色瘦长椭圆形果粒。
* 代表性的产地：博若莱。
* 同义词：白汁黑佳美Gamay Noir à Jus Blanc、黑佳美Gamay Noir（勃艮第）。

仙粉黛 *Zinfandel*

能够酿造多种酒款的强劲&带有香辛味的葡萄

近年，作为美国独有品种而闻名的仙粉黛，经DNA检测，证实它与意大利普利亚大区的普里米蒂沃（Primitivo）及克罗地亚的卡斯特拉瑟丽（Crljenak Kastelanski）在遗传学意义上属于同一品种。19世纪中期左右开始在加利福尼亚种植的这一品种，现在广泛种植于干燥而温暖的地区。其个性是带有草莓果酱和黑胡椒般浓缩的香气和强劲的果味。成熟期不统一所以很难判断采摘期，但可以酿造出新鲜、优质、醇厚类型等多种酒款。在索诺玛的亚历山大谷还存在着树龄超过100年的古树，并孕育出了高品质的葡萄酒。

©WINE INSTITUTE

葡萄信息

* 原产地：克罗地亚。
* 葡萄果实的特征：果穗小，长圆筒形到圆锥形、蓝紫色球形果粒、比较密集、皮薄。
* 代表性的产地：加利福尼亚、华盛顿、普里亚大区（意大利）。
* 同义词：普里米蒂沃（Primitivo）（意大利）。

代表性葡萄酒

● 美国／加利福尼亚
仙粉黛干红葡萄酒 2009
诺尔酒庄
Zinfandel 2009
Nalle

草莓、蓝莓、干香草的香气。酸度优美、多汁！具有矿物质和香辛味，属上品。闪耀的蓝紫色。索诺玛、干溪谷。仙粉黛86%、小西拉8%、佳丽酿3%、慕合怀特2%混酿。平均树龄61年。

马尔贝克 *Malbec*

漂洋过海来到阿根廷，在新天地树立其自己的风格

颜色深、释放出茴香和紫罗兰花的香气、酸和单宁都很强劲的马尔贝克。在比波尔多雨水少、葡萄能够完全成熟的法国西南地区的卡奥尔，出产着被称为"黑葡萄酒"的深色葡萄酒。和石灰质土壤堪称绝配，诞生了经得起长期陈酿的丰满酒体的葡萄酒。另一方面，在新世界的阿根廷，也确立了国家的代表性品种的地位。1852年被法国的农业技师带进来的这一品种，现在其栽培面积已经增加到了整个葡萄栽培面积的34%。在海拔高、日照强、昼夜温差大的门多萨，诞生了洋溢着果实的浓缩感的豁达的葡萄酒。

代表性葡萄酒

● 阿根廷／门多萨
奥帕曼塔酒庄马尔贝克干红葡萄酒 2010
奥帕曼塔酒庄
Alpamanta Estate Malbec 2010
Alpamanta Estate Wines

黑樱桃、黑莓、黑胡椒、烟熏的香气。强劲但安详的成熟果味。酸、香辛味丰富、有张力。浓重的深紫色。获得了阿根廷首个生物动力法（Demete）认证。天然酵母发酵，60%法式新桶，陈酿8个月。

葡萄信息

* 原产地：法国西南地区卡奥尔。
* 葡萄果实的特征：果穗为中等长度的圆锥形，深紫色球形果粒。
* 代表性的产地：西南地区、波尔多地区、卢瓦尔地区、阿根廷。
* 同义词：科特Cot（西南地区、卢瓦尔）欧塞瓦Auxerrois（西南地区）。

贝利麝香A　Muscat Balley A

由育种的鼻祖培育出的独有的杂交品种

有着"甲州白葡萄"之美誉，贝利麝香A是由日本的育种研究先驱者川上善兵卫利用贝利品种和汉堡麝香杂交而诞生的日本固有品种。1931年初次挂果，适应除北海道以外的日本各地的气候。易于栽培，糖度20度左右，甘甜又芳香馥郁，因而不仅用来酿酒，而且也作为鲜食品种而广泛栽培。浓重鲜艳的色调。黑蜂蜜般甘甜至美的芳香，单宁较少不会过于厚重的爽滑口感与日常的日本料理珠联璧合，近年来在干红的酿造品种中所占份额激增。

©Iwanohara Vineyard

葡萄信息

* 原产地：日本·新潟县。
* 葡萄果实的特征：黑紫色球形，果粒中等至大型。
* 代表性的产地：山梨县、冈山县、新潟县。
* 同义词：没有特别的称呼。

代表性葡萄酒

● 日本／新潟县
岩之原 贝利麝香A 2010
岩之原葡萄酒
Iwanohara Wine Muscat Bailey A 2010
Iwanohara Vineyard

黑樱桃、甘草、甘露饴的香气。温和安详地渗透到身体里的质朴的果实味。适中的干香草风味，后味清爽。中调以后也出现适度的酸味。令人愉悦的中等、轻快的酒体。透明质感的红宝石色。有机栽培。采用天然酵母发酵，橡木桶中陈酿11个月。

甲州　Koshu

日本特有的欧亚种群葡萄品种

2010年被载入OIV的葡萄酒酿酒用葡萄品种目录的Koshu。长期以来，作为生食品种来栽培，是首当其冲的日本固有的欧亚种群葡萄品种。关于经丝绸之路传到日本的甲州葡萄是什么时候被发现的，众说纷纭。酸度适中的中性葡萄。本来就是晚熟品种，熟透之后会释放出柑橘般细腻的香气。后味能感觉到偏粉的灰色果皮带来的苦味，也是其品种特性。树势强，通常采用大棚栽培，不过近年来在栽培、酿造方面进行了反复尝试，诞生了风格各异的葡萄酒。

代表性葡萄酒

● 日本／山梨县
Grace甲州2011
中央葡萄酒
Grace Koshu 2011
Grace Wine

梨、柑橘、白色花朵、干香草等楚楚动人的香气。柔和清新的新鲜果味。没有特别突兀的地方，整体均衡，恰到好处的酸度和些许的苦涩让人心情愉悦。纯粹干净，清丽的香辛口味。淡淡的麦秸色。采用胜沼产的葡萄。不锈钢罐发酵。

葡萄信息

* 原产地：欧洲。关于在日本被发现的时间，有多种说法，如718年的大善寺说及1186年的雨宫勘解由说等。
* 葡萄果实的特征：果穗呈较长的圆柱形，果皮颜色为发粉的灰色，椭圆形。果粒中等。皮略厚。
* 代表性的产地：山梨县胜沼、盐山、一宫、甲府等。

密斯卡岱／梅陇

Muscadet / Melon

明快、清丽。不拘谨、干脆

据说与霞多丽同样，是由黑皮诺和古高维斯杂交出的密斯卡岱，原产于勃艮第。因1709年的大寒流，卢瓦尔地区南特市的葡萄被摧毁的时候，耐寒的密斯卡岱被种植于该地区，并扎根于此。最初该品种多作为荷兰的蒸馏酒的原料来栽培，酸度虽强但朴实，属于中间品种。因此，为了低温发酵和增加复杂口味而采用酒泥培养法后出现的第2芳香比较突出。追求高品质的生产者们，酿造出了能传达源自土壤的矿物感的细腻但又矿物感十足的硬质葡萄酒。

葡萄信息

* 原产地：法国·勃艮第地区。
* 葡萄果实的特征：果穗中等大小，金黄色球形果粒。
* 代表性的产地：卢瓦尔的南特市。
* 主要同义词：白佳美Gamay Blanc（香槟大区、博若莱、卢瓦尔）、勃艮第香瓜Melon de Bourgogne（美国）。

代表性葡萄酒

● 法国／卢瓦尔地区
密斯卡岱干白葡萄酒
爱谷酒庄

Muscadet Sèvre & Maine Cuvée Classique 2011 Domaine de l'Ecu

酸橙、苹果、白色花朵、烟草香气。泼辣的柠檬般的酸度混合矿物质感所产生的纯正的果味。安详干涩紧实端庄，后味尖锐清爽。1992年起采用生物动力法。人工采摘收获，采用外层玻璃覆膜的混凝土罐酿造。

麝香／莫斯卡托

Muscat / Moscato

散发着麝香葡萄特有的甜美香气的细腻酒体

从原产地希腊发源，以地中海沿岸为中心传播至世界各地的麝香葡萄，在漫长的传播过程中诞生了很多品种。可用于酿造从甜型到香辛型、起泡葡萄酒、高酒精度葡萄酒等各类葡萄酒。为了积蓄其品种特性的麝香等芳香需要有充足的光照，但该品种比较柔弱，果皮薄、耐湿性及抗病性差，因此偏凉爽干燥的地中海气候最为适宜。另外，虽然有一定的土壤适应性，但与石灰质土壤是绝佳搭配。为了催生出华丽的香气和润泽、透明质的果味，通常采用不锈钢罐等进行快速酿造法。

代表性葡萄酒

● 意大利／皮埃蒙特
密斯卡岱
斯芬尼塔酒庄

"Bricco Quaglia" Moscato d'Asti 2011 La Spinetta

麝香、青苹果、矿物等华丽纯净的香气。活泼的微量发泡的同时，又有着细腻新鲜柔和的甜度。均衡的酸度和少许的矿物质感使口感轻快。虽然是甜型葡萄酒但纯净灵动。略淡的黄绿色。石灰、沙质土壤的海拔300m的单一品种葡萄园。罐装发酵。酒精度4.5%。

葡萄信息

* 原产地：希腊。
* 葡萄果实的特征：果穗为中等大小的圆锥形，果粒黄绿色、椭圆形，略大，皮薄。
* 代表性的产地：朗格多克、鲁西荣、科西嘉、阿尔萨斯、意大利。
* 主要同义词：莫斯卡托Moscato（意大利）、莫斯卡特尔Moscatel（西班牙，葡萄牙，智利）。

白皮诺

Pinot Blanc

起泡葡萄酒也较多采用的皮诺系葡萄

据说由黑皮诺突然变异诞生的白皮诺，作为勃艮第品种而受到认可，部分生产者也生产白葡萄酒。但是，通常作为阿尔萨斯的葡萄品种认知度高，在阿尔萨斯地区的栽培量最大。该品种在寒凉地带产量也稳定，拥有新鲜却又醇厚温和的风味，因此多用来酿造起泡葡萄酒，如法国各地的克蕾芒酒和意大利的弗朗齐亚柯达等。另外，在意大利特伦蒂诺-上阿迪杰大区也出产紧实中融合了矿物质感的滑润质感的精致的白葡萄酒。

葡萄信息

* 原产地：法国·勃艮第地区。
* 葡萄果实的特征：果穗为略小至中等大小的圆筒形，果粒小，黄绿色～黄色的球形或椭圆形，着生密集。
* 代表性的产地：阿尔萨斯、汝拉、特伦蒂诺-上阿迪杰、伦巴第、德国、瑞士。
* 主要同义词：克莱维内Klävner（阿尔萨斯）、威斯堡格德Weissburgunder（德国、澳大利亚）。

代表性葡萄酒

● 意大利／特伦蒂诺-上阿迪杰州
"Sirmian"园白皮诺干白葡萄酒2010
Nals Margreid 酒庄
Pinot Bianco "Sirmian" 2010
Nals Margreid

具有苹果、花蜜、矿物、白胡椒的香气。温和的浓缩果味中带有石块粉末的矿物质感和少许的香辛味。安详惬意又紧实。精巧优雅无杂味的纯净的余韵。有光泽的黄绿色。不锈钢罐发酵，30%使用大橡木桶陈酿。

绿维特利纳

Grüner Veltliner

其特征是香辛味澳大利亚特有品种

绿维特利纳据说是由琼瑶浆和产自奥地利艾森施塔特地区的一个葡萄品种自然杂交而诞生。以下奥地利州和布尔根兰州北部为中心种植广泛，号称占澳大利亚葡萄栽培面积30%的比例也名副其实，是澳大利亚的代表性葡萄品种。喜好土层厚的黄土，厌恶干燥气候，树势强，所以要控制产量。酿造出的葡萄酒从酸度强新鲜轻快的类型到浓缩感强醇厚庄严的类型，风味跨度很广。一般来说，丰富的酸味和白胡椒般的香辛味是其品种特性。

代表性葡萄酒

● 澳大利亚／下奥地利州
绿维特利纳干白葡萄酒2011
格尔荷酒庄
Gruner Veltliner Rosensteig 2011
Geyerhof

具有柠檬、青苹果、洋梨、白胡椒、矿物等内敛的香气。口感温和，但又有柑橘类水果的灵动的酸度和轻快的矿物质感让人神清气爽。细腻的酒体有着透明质感，后味具有新鲜香草风味，非常清爽。耀眼的麦秸色。1988年开始采用生物动力法栽培。

葡萄信息

* 原产地：澳大利亚。
* 葡萄果实的特征：果穗大，圆锥形，黄绿色～黄色的球形或椭圆形，果粒大。皮厚。
* 代表性的产地：澳大利亚、捷克、斯洛伐克、克罗地亚、匈牙利。
* 主要同义词：瓦尔泰利纳Veltlini（匈牙利）、绿穆斯卡特拉Grün Muskateller（澳大利亚）。

第1章
全球26位生产者作证
黑皮诺的魅惑性味道

拥有妙不可言的香气和幽深风味的黑皮诺长时间以来俘获了无数人的心，因为历史悠久，与其存在亲子关系的品种有很多，加之容易变异，因此克隆品种之多也是首屈一指的。以前可能一半是受固有观念的束缚，除了勃艮第之外，尤其是新世界一开始就放弃使用黑皮诺酿酒，而如今，世界范围内的黑皮诺地图即将发生翻天覆地的变化。正如有的酿酒师称黑皮诺能够很好地反映出土地的状况一样，但葡萄酒也能反映出酿酒师的风格。大家想不想了解世界各地诞生的黑皮诺葡萄酒？想不想了解当地的风土条件和酿酒师的思想呢？这一章将传递出他们的葡萄酒哲学。

© Guy Marche / SEBUN PHOTO / amanaimages

Part.1

关于黑皮诺的基础知识

栽培历史悠久的黑皮诺。

意想不到的品种与它存在着亲子关系。

另外，容易变异的这一品种被开发出了数量庞大的克隆品种，并且广泛栽培。

黑皮诺的
家族系谱

黑皮诺

> 点线为亲子关系或婚姻关系。实线为变种。灰皮诺、白皮诺、莫尼耶皮诺是黑皮诺的变种。黑皮诺和古高维斯的孩子已经确认的有16个。图中4种葡萄品种的父亲均为黑皮诺。

蓝弗兰克
Blaufrankisch
主产地：澳大利亚及其他地区。
别名：莱姆贝格（Lemberge）、弗兰克尼（Franconia）等。

圣劳伦特
Saint–Laurent
主产地：澳大利亚及其他地区、东欧。别名：圣劳伦特St. Laurent。

茨威格
Zweigelt Rebe
主产地：澳大利亚、德国。别名：蓝茨威格（Blauer Zweigelt）。

1.

认识葡萄

赢得了生产商的青睐，栽培面积持续增长中！

据说黑皮诺在众多葡萄品种中，对土壤最为挑剔。因而一直以来大家都认为除了最适合的产地法国·勃艮第之外，其他地区很难种植。

但是，到了20世纪90年代前半期，世界范围内的黑皮诺栽培地区逐渐发生着变化。着力发展这一品种栽培的国家数量也开始增加。其增长率虽然不如在世界各地广泛栽培的赤霞珠和梅洛那样显著，近10年来，黑皮诺的栽培面积仍在持续增长中。

在栽培面积方面，原产国法国具有绝对优势，占世界第1位。目前栽培面积还在增加。此外，欧洲的德国、瑞士栽培面积大，历史也悠久。这样的分布如实地反映出了这

灰皮诺
主产地：德国、阿尔萨斯、意大利及其他国家。别名：鲁兰德Rulander、皮诺·杰治奥Pinot Grigio等。

白皮诺
Pinot Blanc
主产地：阿尔萨斯、北意大利、德国等。别名：威斯堡格德Weissburgunder等。

莫尼耶皮诺
Pinot Meunier
主产地：香槟大区、德国、澳大利亚等。别名：莫尼耶Meunier。

白高维斯

主产地：瑞士（中世纪在法国中部、东北部均有种植，现在禁止种植）。

白诗南

主产地：卢瓦尔、加利福尼亚、南非等。别名：施特恩Steen。

佳美
主产地：博若莱、卢瓦尔、瑞士。正式名：佳美 Gamay noir à jus blanc。

霞多丽
主产地：勃艮第、香槟大区、世界各地。别名：Morillon。

阿利歌特
主产地：勃艮第、保加利亚、罗马尼亚、俄罗斯、乌克兰、智利等。

密斯卡岱
主产地：卢瓦尔。正式名：梅陇、勃艮第香瓜。

鸽笼白
主产地：干邑、加利福尼亚、南非等。别名：Colombard等。

一品种喜好凉爽的气候。顺带补充一句，从葡萄栽培的总面积来看，德国列世界第18位，瑞士列第44位，但从黑皮诺的栽培面积来看，排名则一跃成为第3位和第6位。

另外，在新世界产区增长也很显著。近5年间，新西兰的栽培面积增至原来的1.8倍，作为黑皮诺的产地而闻名世界的俄勒冈为2.6倍，加利福尼亚为1.5倍。最终，美国全境的栽培面积超过德国一跃成为世界第2。此外，在智利、阿根廷等南美国家，比较凉爽的南部产地栽培面积也在增长。

在梅洛的人气逐渐稳定的今天，黑皮诺的栽培面积还将继续增加。

能描绘出庞大家族谱系的黑皮诺

人气如此高涨的黑皮诺，其亲子关系图被弄清楚却是在1990年。加利福尼亚大学戴维斯分校和法国的高等农业学校研究所的共同研究小组通过DNA分析确认了赤霞珠是黑皮诺和白高维斯自然杂交的品种。

实际上，黑皮诺和白高维斯的孩子不限于赤霞珠一个。还有，阿利歌特、佳美等16个品种都是这两种葡萄的孩子（也就是说它们是兄弟关系！）。白高维斯在现在几乎是名不见经传的品种，却有着这样一段过往：它曾在法国中部至东北部广泛栽培。但是，由于酿造出的葡萄酒品质不佳，现在已禁止栽培！

另外，虽然迄今为止还未完全弄清楚哪方是母亲、哪方是父亲，但这些孩子当中已经确定的是，黑皮诺作为父亲的有赤霞珠、阿利歌特、欧塞瓦、北塞、上索恩黑法兰克、普兰特、密斯卡岱（梅陇）、罗莫朗坦、莎西；作为母亲的有欧宾维特、卡尼珀、鲁博乐。

别名一览

Auvernat 欧维纳
Blauburgunder 布洛勃艮德
Bourguignon 勃艮第
Cerna 黑山
Klävner 克莱维内
Kék Burgundi
Morillon 莫瑞兰
Noirien 诺瓦尔恩
Orléanais 奥尔良
Pineau Noir 黑皮诺
Pinot cernii
Pinot Nero
Savagnin Noir 萨瓦涅
Spätburgunder 斯贝博贡德
Vert Doré

世界范围内的黑皮诺栽培地区

除了地图上标示出的区域之外，欧洲还包括西班牙、葡萄牙、英国、摩尔多瓦共和国、罗马尼亚、匈牙利、克罗地亚。然后是俄罗斯、乌克兰、南非、加拿大、乌拉圭、阿根廷、中国及日本等。

出处："Wine Grapes" (Jancis Robinson)《酿酒葡萄》（杰西斯·罗宾逊著）

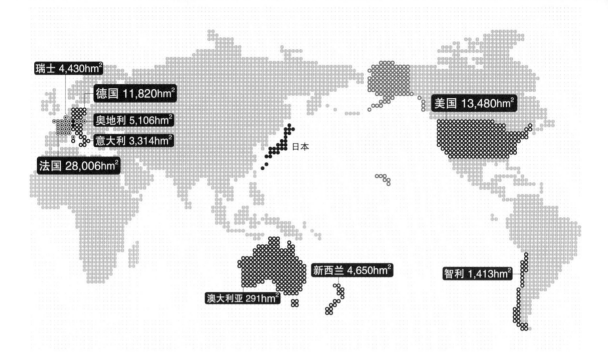

瑞士 4,430hm²
德国 11,820hm²
奥地利 5,106hm²
意大利 3,314hm²
法国 28,006hm²
美国 13,480hm²
日本
新西兰 4,650hm²
智利 1,413hm²
澳大利亚 291hm²

因其品种特性，存在着大量的克隆

黑皮诺栽培历史悠久、容易发生变异，因而其克隆之多远超其他品种。这些克隆品种原本是生长于法国勃艮第的葡萄枝，传播至德国、瑞士、美国等地，适应了当地的土壤，呈现出多样化。

主要的克隆品种如下：

◎法系品种

香槟大区系／292、375、386、521、665、666、870、871、872等。

第戎系／114、115、165、667、777、828、927、934等。

加利福尼亚系／波玛（UCD4、UCD5、UCD6）、天鹅山克隆、卡勒拉克隆、伊甸山克隆（Mount Eden）等。

其他克隆（在新西兰、澳大利亚较为普及）／阿贝尔克隆（Abel）、MV4、MV5、MV6等。

◎瑞士系品种／AM10-5、2-45、9-18等。

◎德系品种（盖森海姆大学开发）／1-1Gm、1-3Gm、2-9Gm等。

黑皮诺易发生枝条变异，即使是同一克隆品种，利用精英筛选法来育苗的话，其本来的特性也大多会随着栽培的田地和年数发生改变。

黑皮诺的主要克隆品种

将黑皮诺的代表性克隆品种按照认定机构进行了简单分类。这里没有列出的克隆还有很多。

◐ 法系

第戎系	加利福尼亚系	其他	
777	UCD5	MV6	Abel

◐ 德系

1-58Gm	20-16Gm

◐ 瑞士系

玛朗克隆（Mariafelder）

黑皮诺令人无法割舍的魅力是什么？

黑皮诺是一种细腻、柔弱、敏感的葡萄。果粒着生密集、果皮薄。因此果粒容易受伤，遭受灰霉病和白粉病。另外，也有人指出它容易晒伤。正因为它如此脆弱，所以不仅在栽培方面，酿造过程中也需要细心对待。很多生产者列举黑皮诺酿造的葡萄酒的特征时，通常会用"优雅"和"强劲"这两个乍看起来截然相反的词。

此外，适量的单宁和优质的酸度也是这一葡萄酒的特征。澳大利亚的思露庄园酒庄史蒂夫·卢比安娜（Steve Lubiana）和新西兰的布莱尔·沃尔特（Blair Walter）（飞腾酒庄）等指出，能够反映出土壤和年份差异、风格百变，这也是黑皮诺的过人之处。

想获得理想的风味就需要探索有效方法

酿酒师们异口同声称黑皮诺"选择凉爽的气候"。还要补充一句，勃艮第的帕塔乐先生（Sylvain Pataille）和俄勒冈的詹森·列托（Jason Lett）补充说道，拥有从开花到收获勉强保证100天光照的气候环境是最为理想的环境。虽说公认适应石灰岩土壤，但认为火山灰、若干的黏土质土壤为好的生产者也不在少数，因为黑皮诺不喜欢肥沃的土壤。

其次是选择品种的问题。不仅在新世界产区，法国及德国等传统的黑皮诺产区，也有很多生产者同时采用自家葡萄园中选拔的枝条（精英筛选法）和克隆筛选法，以追求多样性。

枝条的管理、摘心、摘叶等田间管理对果实的影响，也会因葡萄园周遭的环境而有所差别，所以各项作业的平衡也很重要。即便如此，重视透气性已成为生产者们的共识。关于摘叶，多数生产者认为薄的果皮不喜欢强烈的日光照射，应该慎重对待。大家都认可控制葡萄产量的必要性，因而大多数生产者都进行绿色采收。

2.
生产者所讲述的栽培和酿造

右上：利托雷酒庄（Littorai Wine）的泰德·利蒙（Ted Lemon）在索诺玛西部的凉爽土地上建立了基地。
右下：布莱尔·沃尔特（Blair Walter）在垄间套种了覆盖庄稼。
左上：艾瑞酒庄所在的俄勒冈、威拉米特河谷周边的火山岩和火山性土壤与皮诺系最为适合。
左下："沙质土壤栽培的葡萄酿造出芳香型葡萄酒，黏质土壤能酿造出结构紧实的葡萄酒。"对于土壤研究也非常热心的史蒂夫·卢比安娜如是说。

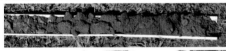

勃艮第的大卫·克鲁瓦（David Croix）和西尔万·帕泰（Sylvain Pataill）注重绿色采收，只通过剪枝和除芽来限制产量。另一方面，照片中的楠田浩之和格雷格·布鲁尔（Greg Brewer）却回答不一定要限制产量。楠田说想在采收、选果方面尽量精细操作，因此选果会在除梗前进行以保证质量。酿造工艺上，同时采用踩皮和淋皮。但在新西兰，很多生产商只采用踩皮法。

准确地估计采收期在葡萄酒酿造过程中是绝不可马虎大意的。对于黑皮诺来说，芳香的陈酿是重要的因素之一。为此，通常有两种做法：稍稍提早采收（卢比安娜）、坚持吃葡萄粒来判断（帕塔乐、列托）。

酿造时也必须倍加小心

为了酿造柔弱的黑皮诺，除梗的方式、是否破碎、发酵温度的控制、搅拌杆的移动轨迹等，酿造的所有环节中都对葡萄和搅拌杆小心翼翼的生产者也不在少数。

留下果梗，也就是部分采用整串葡萄发酵的生产者占到了绝大多数。其中，勃艮第的帕泰指出除梗做法上的区别：一般的特酿酒去掉所有果梗，优质的特酿酒为了产生复杂味而留下全部果梗。另外，就本次调查来说，特意将葡萄粒粉碎的生产者除了日本之外并不多见。

不进行快速升温，利用低温萃取法开始酿造的"低温浸渍"法，在黑皮诺的酿造工艺中完全成为主流。只有卢比安娜一个人回答说，浸渍但不控制温度。但即使是在低温条件下，认同像利蒙、列托、楠田浩之（楠田葡萄酒）等那样，只在最初将葡萄冷却，之后任其自行升至自然温度的想法的人也在增加。

关于淋皮和踩皮，基本上生产者会同时采用两种方式。但是，好像有很多人特意在开始发酵到发酵的前半期，为保留完整果粒，采取温和地从上方淋果汁的淋皮法。

这样酿造的葡萄酒可以减少橡木桶陈酿的时间，大多数生产者为了不掩盖黑皮诺本身的香气，而始终控制新桶的使用量。

栽培&酿造的6个关键因素
彻底比较决定风味的工艺流程

全世界的生产者对这一葡萄有何见解、想酿造出什么样的葡萄酒呢？
揭开他们心目中对黑皮诺的印象。

① 采用哪些克隆品种？

克隆的种类繁多，大多数生产者都种植了多个克隆品种。还有些生产者选用3~10种克隆。与苗圃育苗同时采用为主流。

② 覆膜植株管理

意见分为两种：适当进行摘叶或完全不摘叶（考虑当地气候因素）。大多数生产者采取了控制产量的做法，也有的顺其自然。

③ 除梗和整串发酵

多数生产者喜爱大部分除梗、保留少部分整串发酵（最大比例为30%）。即使颜色变浅，优质特酿酒仍然采用整串发酵的比例高。将果粒粉碎的生产者现在还是少数派。

④ 低温浸渍

发酵前进行浸渍依然是常规做法。但是，设定的温度从10℃以下到17℃（不进行温度控制），相差很大。不过有些生产者只在初期阶段进行冷却，之后自然发酵。

⑤ 踩皮还是淋皮？

多数生产者同时采用两种萃取方法，但以踩皮为主。只不过，多采取发酵开始时或者前期葡萄粒还没有干瘪的时候，从上方轻柔地淋汁的方式。

⑥ 橡木桶陈酿？

会影响葡萄酒的品质，为了激发出细腻的芳香，新桶的使用率总体来说较低。另外，也有100%新桶的生产商和100%旧桶的生产商。陈酿时间多为1年以上。

全世界的生产商对葡萄有何见解，想要酿造出什么样的葡萄酒？走进他们心目中的黑皮诺。

[问题设置] ①采取克隆筛选法还是苗圃青苗法？ ②是否进行除梗、果粉破碎？ ③是否采用低温浸渍？ ④是否采用天然酵母？ ⑤踩皮还是淋皮？ ⑥橡木桶陈酿情况？

01

①同时采用ENTAV 113、114、115。对Pinot Fin感兴趣。②除梗和整串发酵同时采用。③采收时将葡萄冷却至15℃。④天然酵母。⑤踩皮与淋皮并用，不过最近采用淋皮的频率在增加。⑥不清楚。

法国／勃艮第／
（博讷）

克鲁瓦酒庄
（Domaine des Croix）
大卫·克鲁瓦
（David Croix）
酒庄主

黑皮诺是可以同时追求强劲和细腻感的品种，而且复杂。想要酿造出在各个方面都均衡的葡萄酒，不管栽培、酿造，在任一环节都要切记"不能过度，止于中庸"。虽然没有取得认证，但采用了生物动力法栽培。栽种新的克隆时选择ATVB筛选的Fin。不摘叶，只摘除果穗周围的副梢。虽然不认为低温浸渍对酿造高品质的黑皮诺葡萄酒来说非常重要，但会将葡萄进行冷却，用心地酿制。淋皮和踩皮，现在还在探索中。

勃艮第大区红葡萄酒2010
克鲁瓦酒庄
Bourgogne Rouge2010
Domaine des Croix

丁香等香辛系芳香为主体。第一感受就能感到甘甜的具有魅力的果实味。单宁溶解充分、稳重而温和。

02

①同时采用115及667。②优质特酿酒尽量采用整串发酵。不进行破碎。③15℃下低温浸渍4～6天。④天然酵母。⑤发酵初期采用淋皮，后半期采用踩皮。⑥100%新桶，陈酿24个月。

法国／勃艮第／
（马沙内）

西尔万·帕泰庄园
（Domaine Sylvain Pataill）
西尔万·帕泰
（Sylvain Pataill）
酒庄主

在红葡萄酒中能忠实地反映土地特性的品种。多样性也是其魅力所在。喜欢凉爽气候，紧挨北纬、南纬回归线的气候也很重要。目标就是"庄重而愉悦的葡萄酒"。对气候很敏感。不控制黑皮诺的产量就无法酿造出优质的葡萄酒。转色之后在田地里品尝葡萄粒来确定其是否成熟。重要的是芳香度的成熟。为了透气而实施剪枝和除芽，但不进行摘叶和绿色采收。简装酒100%除梗，优质品级尽量采用整串发酵。不进行补糖补酸。进入发酵阶段后改为踩皮方式。

马沙内 "L' Ancestrale"
干红葡萄酒2009
西尔万·帕泰庄园
Marsannay "L'Ancestrale"2009
Domaine Sylvain Pataill

第一感受橡木桶的印象比较深刻。果味醇厚质感顺滑。同时也能马上感受到内敛的单宁。回味中同样有橡木桶和单宁的印象。酒体强劲。

03

①同时采用，在不明植株的基础上加入777、828、943和ATVB的Tres Fin和Fin。②优质特酿酒80%～100%整串发酵。③11～12℃温度下浸渍1周。④天然酵母。⑤根据发酵的进程两种方式交替使用。⑥旗舰版采用新橡木桶陈酿18个月。

德国／巴登

雨博酒庄
（Weingut Bernhard Huber）
伯纳德·胡贝尔
（Bernhard Huber）
酒庄主

虽辛苦但有栽培价值的葡萄。在巴登的马尔特丁根地区已有700年的历史。采用20～40年树龄的黑皮诺酿制。旨在酿造出在舌尖上舞动般轻灵和优雅的味道。其魅力在于单宁紧致却不过度。适合的环境为石灰质土壤的凉爽产地。克隆为20世纪50年代种植的，品种不详。进行3次摘叶。树势的平衡非常重要。整串发酵会使颜色变浅，但能塑造酒体的骨骼，能够得到结构较为复杂的单宁，长期陈酿的潜力也会提升。

斯泊园黑皮诺干红葡萄酒2007
雨博酒庄
Spätburgunder Trocken "Alte Reben"2007
Weingut Bernhard Huber

第一感受红色果实和橡木桶的香气交织在一起。极具魅力、打动人心的是与果实味完美融合的酸度带来的轻快。余味也能感受到酸度的存在。

①同时使用777等6种ENTAV克隆、UCD5、天鹅山、卡勒拉等10种。
②0～30%整串发酵。其余的果粒不破碎。③只在最初阶段冷却至10℃。④天然酵母。⑤根据单宁的质量决定采用哪种方法。⑥30%新桶陈酿。

04

美国／加利福尼亚／（索诺玛）

利托雷酒庄
（Littorai Wines）

泰德·利蒙
（Ted Lemon）

酒庄主

虽然栽培困难，但是如果成功的话，可以获得罕有的均衡酒体。可以酿造多种酒款，不过追求的仍是"优雅的葡萄酒"。并非高酒精度的完全萃取的葡萄酒。不追求皮诺系颜色的浓郁度。使用多个克隆品种，葡萄酒（口味）也变得复杂。酿造过程中最重要的环节无法用一句话来概括，但正确地甄选果实是非常重要的。虽然果梗能给葡萄酒带来复杂度和细腻的芳香，但如果提高整串发酵的比例的话pH会升高，酸度则下降。为了避免补充酸度，整串发酵的比例最高维持在3成。破碎会导致过度萃取和低质量的葡萄酒，因而没有采用。

安德森谷Savoy园黑皮诺
干红葡萄酒2009
利托雷酒庄
Savoy Vineyard Pinot Noir
Anderson Valley 2009
Littorai
润滑的质地。果味浓郁，优雅有深度。单宁极其柔和。后半期更美味。

①3种克隆（UCD-1A、UCD5、UCD-18）。将来也会尝试其他的克隆。②95%除梗，其余的整串发酵。不进行破碎。③④等待天然酵母发酵的过程中自然而然就成为低温浸渍。克隆采用的是互相影响的3种。保留微量果梗是为了丰富果实的特性和体现土壤的特点。加入过多会掩盖掉黑皮诺及土壤自身的特点。踩皮的次数视葡萄的状态适当调节。

06

美国／加利福尼亚／（俄勒冈）

艾瑞酒庄
（The Eyrie Vineyards）

詹森·列托
（Jason Lett）

酒庄主

黑皮诺是"脆弱的葡萄"。栽培、酿造过程中微小的细节都将导致最终的成品葡萄酒产生很大的差异。要想酿造出最优质的黑皮诺干红葡萄酒，面对葡萄和葡萄酒的酿酒师自身必须敏感细致。理想的酒款是年轻、色泽浅，容易入口，新鲜而活力充沛的。克隆采用的是互相影响的3种。保留微量果梗是为了丰富果实的特性和体现土壤的特点。加入过多会掩盖掉黑皮诺及土壤自身的特点。踩皮的次数视葡萄的状态适当调节。

艾瑞传统陈酿珍藏黑皮诺
干红葡萄酒2009
艾瑞酒庄
Pinot Noir Reserve 2009
The Eyrie Vineyards
偏有橙色的具有透明质感的颜色。柔滑均衡的前调。扑面而来的木莓香气。后调是干燥的单宁。

①使用16种克隆（777等8种ENTAV克隆、UCD系、伊甸山等。）单独瓶装。②克林顿酒庄全部采用整串发酵。③在0℃的房间中放置1周。④培养的酵母。⑤踩皮。⑥只采用旧橡木桶陈酿。

05

美国／加利福尼亚／（纳帕）

克林顿酒庄
（Brewer Clifton）

格雷格·布鲁尔
（Greg Brewer）

酒庄主

优雅而不失力量感，拥有诉说着知性的魅力。遍历其他的红葡萄酒，再也找不到像黑皮诺这样的葡萄酒。梦幻般的葡萄，不仅栽培过程，酿造过程中也需要小心翼翼。使用果梗的目的与料理整条鱼如出一辙。从果梗中能萃取出骨骼强劲的单宁，因此没有必要采用新桶。实施低温浸渍目的在于酒精产生之前从果皮中萃取出有效成分。通过人工作业踩皮来直接参与酿造过程。

焦糖山黑皮诺干红葡萄酒2009
圣丽塔山克林顿酒庄
Mount Carmel Pont Noir Santa
Rita Hills 2009
Brewer-Clifton
扑面而来的新鲜的木莓香气。口感较年轻，但富有立体感，融合了单宁、美味。

①同时使用。开园时种植了14种（777等5种ENTAV、UCD系、MV6、阿贝尔克隆等）。②除梗，不进行破碎。③只在4~7天浸渍期间内实施（收获时气温为17℃）④天然酵母。⑤踩皮。⑥100%新橡木桶陈酿10个月。

07

澳大利亚／塔斯马尼亚岛

思露酒庄
（Stefano Lubiana）

史蒂夫·卢比安娜
（Steve Lubiana）

酒庄主

反映土壤特性的"脆弱的葡萄"。正因为如此，人也要有细腻的情感，温柔地对待葡萄。酿出的葡萄也会更加细腻。带有白葡萄酒的特征。口味柔滑，带有上乘的芳香。有些年份会有草莓般的轻快感觉，还有些年份呈现出黑色系的果实味道，口感每年都有所不同。很难说出栽培中最重要的环节，但气候最为关键。如若不是在稳定而凉爽的气候下，就不能酿造出古典韵味的黑皮诺葡萄酒。另外，果串小，树势弱也很重要。禁止补充糖分。必要时进行补酸。

思露黑皮诺干红葡萄酒2009
思露酒庄
Estate Pinot Noir 2009
Stefano Lubiana
颜色略深。带有橡木桶的风味。从前调开始就有新鲜水嫩的木莓系的果实味和橡木桶的风味融合在一起。单宁稳定。能感觉到果实的余韵。

①4种克隆（阿贝尔克隆、UCD5、114、115）。②果梗添加控制在10%以内，不进行破碎。③9~10℃下6~7天。④初期采用天然酵母，最后添加人工酵母。⑤踩皮和淋皮并用。⑥38%采用新桶陈酿18个月。

08

新西兰／马丁堡
楠田葡萄酒
（Kusuda Wines）

楠田浩之

庄园主

酒庄主

黑皮诺的精髓就在于香气、优雅、复杂。不论是什么类型的葡萄酒，都想酿造出优雅而轻快的口感。因此，要栽培出平衡的葡萄，收获和选果都要尽量细心。因为是脆弱的葡萄，所以果皮不能磨损，也不能受压。摘叶不会过多。另一方面，要对果穗进行管理，将葡萄串修剪成小串。是否加入果梗还在实验过程中，今后将增加比重。选果过程中会将果实冷藏，实际效果也等同于低温浸渍。在新西兰淋皮比较少见。

黑皮诺干红葡萄酒2009
楠田葡萄酒
楠田浩之酒庄
Pinot Noir 2009
Kusuda Wines
浓缩的木莓系果实风味。细密紧致的质感。单宁是很好地融入浓缩果实味里的安详的味道。

①精英筛选法。最早种植的品种不明。②加入约10%的果梗。破碎。③10~15℃下3~5天。④人工酵母。⑤踩皮。有评判发酵状态的标准。⑥只采用旧橡木桶陈酿12个月。

10

日本／长野
安云苹果瑞士村酒庄
（Azumi Apple）

内方知春

（Swiss-Mura winey）

酿酒负责人

高贵是黑皮诺的精髓。颜色、香气都比较细腻。认真对待，它就会有出色的发挥，努力也得到回报。发酵时的香气很特别。是最富魅力的葡萄。果粒密集容易产生病害，有时会出现裂果。栽培和酿造的每一天都不能松懈，要精心对待。进行摘叶，但不适合照射到过于强烈的光线。通过剪板新梢间保持一定间隔。补糖但不补酸。踩皮根据发酵状态进行萃取。旧橡木桶中15%为美式橡木桶。从事栽培、酿造的人对葡萄酒的用心非常重要。

青木原一级酒园黑皮诺干红葡萄酒2011
安云苹果瑞士村酒庄
Pinot Noir Premier Aokohara2011
Azumi Apple Swiss-Mura winey
带一点淡淡的褐色。与色泽相比，更让人印象深刻的是顺滑的口感。深邃而美妙。轻快，饮用时令人愉悦。

①同时使用。开园时栽培了10种（AM10/5、UCD系、777等ENTAV5种、阿贝尔克隆）。②25%整串发酵，不进行破碎。③14℃下浸渍7~10天。④天然酵母。⑤低温浸渍时淋液2~3次，之后采用踩皮方式。⑥30%采用新桶陈酿11个月。

09

新西兰／中奥塔哥
飞腾庄园
（Felton Road）

布莱尔·沃尔特

（Blair Walter）

酒庄主

黑皮诺葡萄酒的魅力在于精巧和优雅。既有绚烂的果实味，又有香料、香草、矿物感的复杂。优质的酸度也是其特征。没有过度的单宁的悠长丝绸般的余味。使用多个克隆以增加复杂感。但是，比克隆更为重要的是葡萄园里的工作。合适的母本能够调节树势。土壤的肥沃程度和符合树势的覆膜管理非常重要。并不是说单纯控制产量就足够了。酿造过程中要充分注意不要伤及果皮和种子。保留一定比例的葡萄串，发酵就可以放缓，因而获得丝绸般的单宁。

飞腾班诺本园黑皮诺干红葡萄酒 2010
飞腾庄园
Bannockburn Pinot Noir 2010
Felton Road
草莓果酱般的浓缩红色浆果的香气。饱满丰富的果实味。单宁，酸度和果实味非常均衡。

①多个克隆（黑皮诺品种52-86、777、828）。也将不同母本组合实验。②原则上100%除梗（有的年份10%~15%整串发酵），不破碎。③15℃下5天。⑤踩皮和压榨回收法。⑥15%新桶陈酿5个月。

11

日本／京都
丹波葡萄酒
（Tamba Wine）

末田有

酿酒负责人

葡萄酒由很多成分和要素构成，要说品种的话很难总结。期待采用不同的酿造工艺而诞生有趣的酒款。只有黑皮诺才能酿造出与和食相配的风味，轻快，且酸味和单宁都很均衡。克隆和母本都使用多个（虽然重要但只做少量改善）。进行摘叶和绿色采收。正因为是脆弱的葡萄，因而需要细心地对待。原则上去掉所有果梗，不破碎浸渍后发酵。这对于激发出黑皮诺的芳香最为重要。有的年份会部分采用整串发酵。

黑皮诺2010
丹波葡萄酒
Pinot Nior 2010
Tamba Wine
带一点点橙色的黑红色的颜色。隐约带有木莓系的味道。前调顺滑但马上能感受到有些收敛的单宁。表现力略弱。

Part.2

勃艮第的黑皮诺

从主要AOC来看
勃艮第的黑皮诺

如果说存在品种与风土的最佳组合的话，其中之一无疑要属黑皮诺和勃艮第了。几百年来这片土地向人们昭示着唯有黑皮诺才能展现出的独特世界。

细化后的气候区域在每个地区都具有一定的特色，而这正是风味形成的关键。在众多产区中，着重介绍下面八大产区。

勃艮第的风土条件

在勃艮第对黑皮诺的发现和发展起着决定性作用的是熙笃会的僧侣们。1200年左右就已经确立了黑皮诺为最适合品种的概念，葡萄酒的品质有了飞跃性地提升。在14世纪末，连年遭受病虫害的侵袭，一度被改种为佳美。不过，当时大胆的菲利普侯爵下令彻底清除品质低的佳美，将勃艮第的红葡萄酒酿酒品种确定为Pinot Noir a jus Blanc（黑皮诺）。勃艮第花了一千多年的时间找出的答案就是黑皮诺。

1936年制定原产地命名控制制度时，勃艮第决定以风土条件为基准来称呼，回溯漫长的历史，这也是大势所趋。作为单一品种的黑皮诺和霞多丽在不同的区域表现出不同的性格是不争的事实。

①

Gevrey-Chambertin
热夫雷-香贝丹

行政区划为热夫雷-香贝丹（Gevrey-Chambertin）村和布罗雄（Brochon）。公元640年就已经确立了葡萄酒酿造的体制。表层土为堆积的泥灰岩和崩积而成的红色泥土。位于海拔180～380m的1级葡萄园表层土很薄，土壤为褐色石灰岩。村里最有名的葡萄园的土壤是褐色钙质和褐色石灰岩。石灰岩呈沙砾状，给葡萄酒带来优雅和精致，而含有大量黏土及贝壳化石的泥灰岩则给予了葡萄酒骨骼。适度的饱满及端正的骨骼，强劲和持久性是其特征。

产区面积 / 495.18hm²
（其中1级葡萄园80.46hm²、特级葡萄园85.53hm²）

②

Morey-Saint-Denis
莫雷-圣丹尼

1855年拉巴鲁博士在定级时给出了"没有任何缺点"的评价。位于海拔220～270m的葡萄园土壤为侏罗纪中期的石灰岩和黏土石灰岩。斜坡上部的地质为巴通阶的鲕状石灰岩（鱼卵状石灰岩），斜坡下部是巴柔阶海百合石灰岩。从村落垂直向下延伸至平地，泥灰岩的含量越来越高。靠近热夫雷（北侧）的地方和靠近香波（南侧）的地方葡萄酒的性格不同，北侧较为醇厚。在夜丘产区中公认为带有男性化的性格，具有力量感和宏大的感觉。

产区面积 / 128.5hm²
（其中1级葡萄园41.92hm²、特级葡萄园35.47hm²）

③

Chambolle-Musigny
香波-慕西尼

位于海拔250～300m的葡萄园的表层土壤，北侧多为黏土质，南侧则多为沙砾质土壤。表层土与其他的产区相比整体偏薄，接近基岩。地表下坚硬的石灰岩上有无数的裂缝，因此葡萄根可以深入地表中，甚至有可能触及侏罗纪中期的石灰岩层。因为有沙土及沙砾，斜坡下部的排水性也较好。北侧和南侧的葡萄酒虽然性格不同，但在夜丘产区中最为女性化，出产收敛的强劲、精巧、细腻、紧致、优雅、持续性好的葡萄酒。

产区面积 / 174.52hm²
（其中1级葡萄园56.23hm²、特级葡萄园22.29hm²）

话说回来，风土这个词有时候比较模糊。勃艮第的风土是由自然因素和人为因素两方面构成的宽泛概念。

土壤的质量是决定风土的最关键的要素。在地质年代的第三纪，因阿尔卑斯山的隆起，形成了现在的葡萄园的地形，无论在地质及地理方面，土壤都具有非常复杂的构造。但是南北地区还是具有相同点的。那就是其共同的母体均为侏罗纪的黏土、泥灰岩、石灰岩等沉积岩。由于海洋生成的沉积岩的变质，土壤黏土化、石灰质化对于黑皮诺来说是非常好的条件。其他的自然因素包括光照条件、海

④

Vosne-Romanée
沃恩–罗曼尼

—

行政区划为沃恩–罗曼尼和弗拉吉·依瑟索村。与夜丘北部的产区相比,地层隆起的幅度较小,表层土厚度随着斜坡海拔变化,斜坡上部为几十厘米,下部则达到1m以上。主要的土壤为坚硬的海百合石灰岩上重叠的泥灰岩。不同的海拔和位置,黏土的含量亦不同。另外比较有特点的是,特级园和一级园往往位于同一海拔。拥有独特的华丽芳香的葡萄酒,单宁的构造紧致,却有着无可挑剔的顺滑、丰满及优雅。

产区面积 / 221.78hm²（其中 1 级葡萄园56.64hm²、特级葡萄园68.18hm²）

⑤

Nuits-Saint-Georges
夜圣乔治

山坡被流经夜圣乔治镇的默兹河分割为南北两个区域。北侧的表层土比较薄。石灰岩的上面覆盖着混有石灰质沙砾的淤泥和黏土,越往斜坡下部,由默兹河冲积下来的泥土越多。而南侧的表层土石灰质泥岩和黏土较多,越往斜坡上部岩石越多,但表层土整体较厚。北侧带有与邻近的沃恩–罗曼尼性格相似的风格,女性化、柔美。相对的,南侧的酒体中带有紧致的单宁,强劲的男性化的葡萄酒多,但培摩比榭(Prémeaux)南部地区略柔和。

产区面积 / 299.03hm²（其中 1 级葡萄园141.62hm²）

⑥

Corton
科尔登

以阿罗克斯·科尔登为中心,横跨拉都瓦–瑟瑞涅、佩尔南–韦热莱斯三个行政区的特级葡萄园。海拔250~330m,适合黑皮诺的是由南向东方向半山腰的平缓斜坡。在金丘地区,年轻的侏罗纪后期牛津阶(Oxfordian Stage)的土壤是褐色石灰岩。表层土为钙含量高的泥灰岩,黏土和铁含量丰富,小石子多,略带红色。葡萄酒结实、丰满,但具有单宁带来的强劲构造、复杂性,适合长期陈酿。

产区面积 / 90.25hm²

⑦

Pommard
波玛产区

海拔250~300m。海拔不同地质也不同。斜坡下部为冲积土。斜坡中部为侏罗纪后期牛津阶的泥灰岩、褐色石灰岩、褐色钙质,含有红色的氧化铁。整体上出产强有力的男性化的葡萄酒,但是隔着流经村庄的河,邻近沃恩–罗曼尼的北侧和邻近沃尔奈的南侧所出产的葡萄酒性格不同。北侧由丰富的单宁造就了紧实的骨骼,相反,南侧丰满的果实味非常明显,单宁圆润。

产区面积 / 312.69hm²（其中 1 级葡萄园122.31hm²）

⑧

Volnay
沃尔奈

海拔230~280m的山坡,在金丘产区斜坡的梯度最大。地质成分是含铁的鲕状石灰岩。白色石灰岩连绵的斜坡,特别是斜坡上部石灰岩含量高。斜坡下部的巴通阶的石灰岩,沙石多,铁含量增加,色调偏红。斜坡的山脚下含有小石块的表层土变厚。在伯恩产区公认为最为优雅、女性化的葡萄酒,优雅、顺滑和力量感并存。邻近波玛产区的北侧果香四溢、圆润,邻近蒙蝶利的南侧则花香馥郁、细腻。

产区面积 / 206.7hm²（其中 1 级葡萄园117.651hm²）

※产区面积只记录了黑皮诺的面积（出处：勃艮第葡萄酒事务局）

拔、表层土壤的厚度及排水性、终年的气候条件、微气候等。

　　人为因素包括园区的选址及历代采用的农业种植法的历史。无法忘记的是曾经根瘤蚜虫病的肆虐之时,葡萄从无序种植的压枝法改为按列种植的篱笆式植树法,勃艮第的葡萄园才有了现在的景观。

　　一位生产者这样说道:"如果把细分后的区域比作不同的乐谱,那么生产者就是演奏家。演奏方法不同曲调也会发生变化,但却无法改变乐谱的本质。"在坚定的本质的基础上,能够毫无遗憾地发挥出黑皮诺的多彩魅力的产地,那就是勃艮第。

产区
1
GEVREY-
CHAMBERTIN
热夫雷-香贝丹

葡萄酒酿造商 01

多米尼克·加卢瓦酒庄
Domaine Dominique Gallois
历史悠久的产区仍然在进步

产区邮票的优雅风格

葡萄酒能体现酿酒师的性格。正如酒庄主多米尼克所说的那样，"想酿造出跟料理相搭配的优雅的葡萄酒"，多米尼克·加卢瓦（Dominique Gallois）酿造出的热夫雷-香贝丹总是洋溢着优雅且纯洁的感觉。不同级别的酒园紫罗兰的香气浓淡变化带来的惬意感只有热夫雷才会有。

热夫雷的酒园包括与村子同名的热夫雷-香贝丹园、1级葡萄园Les Goulots（Les Petits Cazetier）、摩恩峪园（La Combe-au-Moine）及特级葡萄园莎美-香贝丹园（Charmes-Chambertin）。1级葡萄园均位于热夫雷北部的斜坡上部，但土壤成分不同。

古洛园（Les Goulots）位于热夫雷的最北部，褐色石灰土壤中含有大量黏土成分。即使在酷热的2003年也能酿造出带有鲜爽果香味的优雅的葡萄酒。小卡泽蒂艾园（Les Petits Cazetier）位于卡泽蒂艾园（Les Cazetiers）和摩恩山谷园（La Combe-au-Moine）这两块著名的酿造地之间，拥有世人皆知的优秀风土条件。褐色土壤中有很多化石。"最受女性品酒师的青睐"，多米尼克是加卢瓦酿造的葡萄酒中最为女性化的酒，在纵向评比中表现突出的精致酒款。与公认优雅的热夫雷1级园Les Fontenys相比较会很有趣。"无论什么年份都非常稳定"，摩恩山谷园（La Combe-au-Moine）的表层土薄，黏土石灰质的含量适中。拥有跟卡泽蒂艾园形成对比的紧密、男性般的力量感。

可能因为栽培面积太广，莎美-香贝丹园经常会出现平庸的葡萄酒款，但加卢瓦酒庄所在的区域紧邻格里优特-香贝丹（Griottes-Chambertin）园，位于香贝丹村的正下方，地点绝佳。平均树龄90年，非常高龄。再加上多米尼克的才能，使得葡萄酒表现出与特级葡萄园相符的姿态。带有浓郁的紫罗兰香气和复杂的芳香，层次细腻的单宁和多彩的果香味，给予了葡萄酒深度和持久性，才有了沙美独有的充实感与和谐。

"近年来，只要是采用恰当的方式工作着的生产者，就没有收获不好的年份。在生产者都倾向于有机栽培的当下，热夫雷所具有的气候个性差异被表现得更加突出，这一产区也越来越绚丽多彩。只要不以热夫雷的知名度倚老卖老，葡萄酒就不会变得粗鄙，复杂性及适度的坚牢度仍是它的特征。"

据说热夫雷年轻时口感强劲，在陈酿过程中逐渐变得优雅柔美。而且不同的地域其变化也是多种多样的，这一点非常有趣。近年来，热夫雷整体的感觉均比以前变得优雅，坚持酿造自然、优雅的葡萄酒的加卢瓦酒庄，是最能体现热夫雷正统性的酒庄。

单薄的表层土里有很多石灰石的小石块。91年开始停止使用除草剂、杀虫剂，严格执行减农药栽培。

莎美-香贝丹园干红葡萄酒2008
Charmes-Chambertin 2008
热夫雷-香贝丹一级园La Combe Aux-Moines 干红葡萄酒2008
Gevrey-Chambertin 1er Cru La Combe Aux-Moines 2008
热夫雷-香贝丹一级园卡泽蒂艾园干红葡萄酒2009
Gevrey-Chambertin 1er Cru Les Petits Cazetiers2009
加卢瓦酒庄拥有的葡萄园整体上树龄高，卡泽蒂艾园为55年。代表加卢瓦的La Combe Aux-Moines为60年。2008年的莎美因该年份独有的高酸度给葡萄酒带来了紧张感，非常紧致。

多米尼克·加卢瓦
Dominique Gallois
在1989年创建酒庄之前曾在已故伯纳德·洛伊瑟（Bernard Loiseau）手下学习厨师，在第戎经营西餐馆。
"葡萄酒应该和美味的料理一起享用，对酿造比赛中受欢迎的口味浓重的葡萄酒不感兴趣。"

酿造过程中，在充分吸收自然精华的基础上，采用传统的酿造方法。踩皮控制在最低限度。橡木桶采用阿利耶（Allier）产的橡木桶。

产区
2
Chambolle-Musigny
香波-慕西尼

葡萄酒酿造商 02

俞德罗·巴耶酒庄
Domaine Hudeloo-Baillet

世界上
最空灵的产地

香波-慕西尼1级园Les Cras 干红葡萄酒2009
Chambolle-Musigny 1er Cru Les Cras 2009
香波-慕西尼1级园Les Charmes干红葡萄酒2009
Chambolle-Musigny 1er Cru Les Charmes 2009

据说2009年葡萄的单宁浓缩感强，酸度低，因此极力控制单宁的萃取，着力激发出香波典型的巧妙。与带有2009年特有的丰腴的香波相比，Les Cras闪烁着矿物质的纯洁光芒。

不追求"力量感"，追求"持久性"

空灵意思是"如空气般轻盈"，放眼勃艮第，甚至放眼全世界的葡萄酒产地，再没有比香波-慕西尼更适合这个词汇的了。表现出这种细腻、轻盈的酿酒商之一就是俞德罗·巴耶酒庄。虽然真正开始经营酒庄是在1998年，但近几年才崭露头角。酒庄的现任主人多米尼克·勒古恩（Dominique Le Guen）这样说道："最开始沿袭在酿酒学校学到的方法，进行补糖和频繁踩皮。但是经过了几个年份后发现，过度地萃取，酒精会掩盖掉香波的巧妙。酿酒不是单纯的酿制，而是激发出葡萄的自然平衡。"

俞德罗·巴耶酒庄所生产的香波葡萄酒有与村子同名的香波-慕西尼，"老藤"，1级的克拉园（Les Cras）和风采园（Les Charmes）。位于香波-慕西尼村一侧的特级葡萄园邦玛尔（bonnes mares）由平均树龄65年的4个"略地"（Lieu-dit）酿制而成的"老藤"的深远意境也非常吸引人，不过这个酒庄最有意思的是克拉园和风采园试饮比较吧。

位于斜坡上部的克拉园表层土仅有10cm厚。紧贴石块多的表层土的下方就是大片的石灰岩。这里出产的葡萄酒带有矿物质的紧致感和立体感，又有薄荷般的清凉感和粉红色玫瑰的花香。相反，据说被公认表层土厚的风采园，随着海拔高度的变化，表层土厚度也会发生变

在自家院内的整齐的酒窖。100%除梗后，只采用天然酵母发酵。新桶使用率即使在特级园的邦玛尔园也较低，为50%。

多米尼克·勒古恩
Dominique Le Guen
曾在法国空军作为机修工服役，以1998年结婚为契机，作为女婿参与筹划酒庄，转型为酿酒师。学习酿造学，在岳父的手下积累实践经验，同时筹划自主灌装。2004年其继承岳父的家业接过酒庄的指挥棒。

化。"上部小石块多，表层土不太厚。土壤为泥灰岩和石灰岩。而下部表层土厚，以黏土石灰岩为主。" 虽然俞德罗·巴耶的风采园有着圆润柔软的单宁，但其中又有着紧实酸度的果实味，这或许与上部和下部的两个分区来出品有关系。

香波-慕西尼村每个葡萄园所诞生的葡萄酒都有着明显的差别。靠近邦玛尔（bonnes mares）的北侧和靠近慕西尼的南侧，由于斜坡的位置和海拔不同，土壤的构成和排水性亦不同。能够深切感受到经过长时间的历史积淀后，界限划分和定级的正统性。那么，作为产区的香波-慕西尼村的共同的特征是什么呢？多米尼克的回答是："持久性。并非冲击性的强劲。这里的持久性不仅指品酒时的余韵，而是喝完葡萄酒后，口腔中残留的淡淡的'我刚刚喝了香波葡萄酒'的记忆。正因为如此才被说成空灵吧。"

这种持久不是人为地酿造出来的，而是有实力的生产者真诚地对待香波，引导出香波所独有的本质，即它的美妙之处。

风采园。从岳父那一代起就进行有机栽培。10多年以前就不再使用除草剂。实际意义上的生物动力法。

处于新天地的一系列沃恩–罗费尼

里格–贝拉酒庄自2006年以后，酿造了10种沃恩–罗曼尼葡萄酒。以村名命名的沃恩–罗曼尼、同一园区拉科洛姆比尔园（la colombière）、同一园区克洛古堡（Clos du Chateau），1级园有卓高园（Les Chaumes）、小曼特园（Les Petits Monts）、雷格诺园（Les Aux Reignots）、布鲁利园（Les Brulees）、书秀园（Les Suchots），并且拥有特级园依瑟索园（Echezeaux）及那个非常著名的独占园罗曼尼酒园。"沃恩–罗曼尼，拥有着勃艮第的所有葡萄酒生产者们梦寐以求的风土条件。拥有这些葡萄园的我真是得到了上天的厚待，所以拥有者表现出罗曼尼特色的责任和自豪感"。这种积极的挑战，随着不同年份经验的积累，越发地充满了确信。

他说很难一言以概括沃恩–罗曼尼。从地理来看，靠近香波、靠近伏旧园或是夜圣乔治，呈现出不同的性格。另外，表层土基本上为褐色黏土石灰质的土壤，但其厚度随着坡度的升高变得稀薄，在低地则厚达1m以上。地质也同样，从斜坡上部到下部依次为白色鲕状石灰岩、珊瑚石灰岩、海百合石灰岩，黏土的含量也不同。再加上生产者的个性，沃恩–罗曼尼的变化是无限的。

路易斯–米歇尔小时候来度假玩过的美丽的城堡。城堡的院内有酿造厂和酒窖。

产区

3

VOSNE-ROMANÉE
沃恩–罗曼尼

葡萄酒酿造商03

里格–贝拉酒庄
Domaine du Comoe Liger-Belair
诞生万般变化的土地

罗曼尼酒园（La Romanee）路易斯–米歇尔接手后第七个年头，土壤状态的改善有目共睹。其特征是葡萄垄呈南北走向。

路易斯-米歇尔·里格-贝拉
Louis-Michel Liger-Belair
里格-贝拉家族的第7代。1997年
移居书秀园（Les Suchots），以
长远的眼光关注葡萄酒酿造，学习
了酿造学。2005年与宝尚父子酒庄
（Domaine Bouchard）的合同终
止，所有的葡萄园被收回，纳入了
现在的版图。他认为"葡萄酒质量
的95%取决于葡萄园里的劳作"。

依瑟索园特级园干红
葡萄酒2008（左）
Echezeaux 2008
里格-贝拉罗曼尼酒园干红
葡萄酒2009（中）
La Romanee 2009
沃恩-罗曼尼1级园雷格诺园
干红葡萄酒2008（右）
Vosne-Romanee 1er Cru
Les Aux Reignots 2008
依瑟索园散发着紫罗兰和玫
瑰的华丽香气。罗曼尼有着
2009年特有的丰腴和紧致的
矿物质的均衡，有着与特级
园相符的集中性和深度。雷
格诺园浓缩着柔和的果实味
和紧致的酸味。

自2008年开始在所有的葡萄园里实施生物动力法。
"所谓的风土，是由土壤和在此繁衍生息的动植物、气候
和人共同构成的。气候是多变的，这种情况下能够改变的
只能是人。土壤的状态可以通过人的努力来改善，植物也
会顺应土壤的变化。我想通过葡萄来表现土壤特性"。他
认为尊重土壤表现的同时获得葡萄酒的平衡是最基本的。
比如没有区域范围的村名沃恩-罗曼尼是10个区域所产的酒
混合而成。"虽然我喜欢按不同的区域来酿造葡萄酒，但
为了表现整个产区，利用每个区域的个性来互补是非常重
要的。但是随着1级、特级的等级提升，葡萄酒就确立起了
不依靠混合的个性。所谓的优质产区不在于规模宏大，而
在于和谐和复杂。不过要表现什么样的和谐和复杂因园区
而异，作为生产者会迸发出探索的欲望"。

虽然生物动力法带来的改变不是某一方面，但自2008
年起里格-贝拉的葡萄酒明显进步了。酒体平添了如咬了一
口莓果般的立体的果香味，余味也富有生命力。从价格考
虑，喝罗曼尼不太现实，但独一无二的风土是确定无疑
的。沃恩-罗曼尼并没有止步于以往的奢华、优雅、感官层
面，而是开拓新天地的颇具实力的酒庄。

酒窖中陈酿着10种沃
恩-罗曼尼葡萄酒，
还陈酿着2种夜圣乔
治（伏旧园Clos de
Vougeot和奥格拉斯园
1er Cru Aux Cras）。

葡萄酒酿造商 04

雷思诺酒庄
Domaine Lécheneaut
无法简单概括的
规模宏大的产区

产区
4
**Nuits-Saint-
Georges**
夜圣乔治

通过正确的剪枝、除芽、摘叶、剪串等方法来让葡萄保持通风。黑皮诺易感染灰霉病，因此葡萄串不能太密。

1级葡萄园达摩得园（Les Damodes）生产的葡萄酒和村名同名的酒混合，作为村庄酒出售，葡萄都里保留着杂草的草生栽培。

希望得到品酒者的认可，潜力无限的葡萄酒

　　以夜圣乔治为根据地，北从马沙内（Marsannay）开始，南至绍黑-伯恩（Chorey-Lès-Beaune），拥有18个产区的雷思诺。正因为对每个产区的差异了如指掌，雷思诺对夜圣乔治的分析也是引人深思的。文森特·雷思诺说道："虽然夜圣乔治与夜丘其他的著名产地相比评价过低，但那正是因为它是希望得到品酒者认真体会的葡萄酒。"

　　据说像是和伯恩丘的玻玛形成性格对比，夜圣乔治与香波-慕西尼及沃恩-罗曼尼相比，更加有力、男性化。不过，这个是从夜圣乔治南部延伸至培摩比榭园（Prémeaux）里诞生的葡萄酒的特征，相反，沃恩-罗曼尼一侧的夜圣乔治北部诞生的葡萄酒则比较女性化。

文森特继续说道："我们的1级葡萄园普鲁莱园（Les Pruliers）位于夜圣乔治南部，很好地诠释了市面上对于夜圣乔治的印象。味道醇厚，骨骼强壮，带有黑色果实和香料的味道。不过如果弄错饮用的时间，尤其是年轻时饮用会觉得只是闭塞内敛。不等上5~6年，其魅力无法绽放出来。这一点恰好与年轻时就博得好评的香波形成对比。温度等条件也非常重要，低于15℃单宁的硬度才会突显。如果对于勃艮第没有一定了解的话，就很难品味的葡萄酒。"另外，葡萄酒又分为单独饮用和配餐饮用才能发挥特色的两种，夜圣乔治显然属于后者。"在单品葡萄酒的试饮会上，夜圣乔治可能处于不利的地位。"

我们拜访了据说与普鲁莱园完全性格迥异的达摩德园（Les Domodes）。在海拔300m的斜坡的左下方可以看见沃恩–罗曼尼的村落，可以切身感受到这里与沃恩–罗曼尼毗邻。尤其是斜坡上部，挖开少许土层，就会发现厚达数十厘米的石灰质石块，表层土很薄，主要土壤为褐色石灰岩。"达摩德园即

夜圣乔治干红葡萄酒2009（右）
Nuits-Saint-Georges 2009
夜圣乔治普鲁莱园干红
葡萄酒2009（中）
Nuits-Saint-Georges 1er Cru
Les pruliers 2009
夜圣乔治达摩德园干红
葡萄酒2009（左）
Nuits-Saint-Georges Les
Damodes 2009
被说成"伟大的年份"的2009
年，但现实是成败取决于如何
控制酸度的降低。可以说维持
了葡萄酒的鲜爽感的雷思诺酒
庄确实得到了2009年份的恩
惠。

便是炎热的年份也一定能诞生由酸度支撑的清爽感觉。可以比普鲁莱园提前饮用，也容易被接受。"另一方面，普鲁莱园能看到粉色珊瑚质石灰岩及白色鲕状石灰岩小块，褐色的钙质土壤里黏土和石灰的比例均衡。

在雷思诺酒庄的试饮顺序通常为，先品尝达摩德园（Les Domodes），再品尝普鲁莱园（Les pruliers）。即使是刚装瓶，与沃恩–罗曼尼相似的达摩德园也容易亲近，而相反，年轻的普鲁莱园却轻易不肯打开心扉。但是，酒体结构中仍有着特级园始终如一的紧致。雷思诺酒庄的圣乔治是生产者的实力与优秀的风土相融合的典范。

陈酿着18个园区的酒窖。为了尽量让葡萄酒与沉淀一起沉睡，去除沉淀只在装瓶前进行一次，不进行澄清和过滤。

文森特·雷思诺
Vincent Lécheneaut
出生于1964年。22岁时，与大7岁的哥哥菲利普一起振兴酒庄。20世纪80年代末奠定酒庄基础。主要负责酿酒，但也和菲利普一起从事栽培。20世纪90年代后半期着手实行生物动力法，现在已在所有葡萄园中采用。

雷亚妮&帕斯卡·布雷酒庄
Domaine Réyane & Pascal Bouley

犹如镶嵌的艺术品般
色彩丰富的风土

产区
5
Volnay
沃尔奈

香槟园（Champans）。严格实行减农药栽培和耕作，土壤状况明显较好。通过剪短树枝和除芽来控制产量。

帕斯卡·布雷
Pascal Bouley

帕斯卡（中间）为第5代。也是每年6月在沃尔奈举行的野外试饮会"优雅的沃尔奈"的发起人。开朗的Reyane（左）是最好的合伙人。儿子Pierrick（右）也参与酒庄的发展，酿造葡萄酒的意志是坚定不移的。

沃尔奈黑皮诺干红葡萄酒2009
Volnay 2009
沃尔奈1级园香槟园黑皮诺干红
葡萄酒2009
Volnay 1er Cru Champans 2009
沃尔奈1级园des Chenes黑皮诺
干红葡萄酒2009
Volnay 1er Cru Clos des Chenes
2009
如果说充满黑色莓果味道的
Clos des chenes代表着沃尔奈
Volnay的力量的话，散发着红
色莓果味道的Champans则以
细腻的技巧华丽而优雅。既是
酒庄的颜面又是村名的沃尔奈
（Volnay），是了解沃尔奈最适
合的一瓶。

对沃尔奈了如指掌的能工巧匠们所酿造出的优雅

　　"沃尔奈拥有着30多个1级葡萄园！为了葡萄酒而存在的山坡简直就是镶嵌的艺术品。"高兴地说着这话的是帕斯卡·布雷。确实值得一提的是，在沃尔奈206.70ha的葡萄园中1级园有117.65ha，占了一半以上。整体来说是受到优秀的风土条件眷顾的地区。

　　沃尔奈被比喻成镶嵌的艺术品是因为山坡的形状。金丘的山坡大多半山腰较为平缓，上部陡峭。也就是说，越往上走表层土越浅，黏土减少，葡萄酒带有细腻、潇洒的风味。但是沃尔奈地区半山腰的斜度大，上部的一部分位于缓坡处的葡萄园表层土深，黏土质也多。如果邻近玻玛、蒙蝶利，性格还会存在差异。从地图上来看，沃尔奈的1级葡萄园呈整齐的带状排列，而实际上风味是非常复杂的。

　　帕斯卡·布雷酒庄从战后的20世纪50年代起开始经营。现在的酒庄是1975年继承的，由帕斯卡·布雷执掌。经手了30多年的帕斯卡所酿造的沃尔奈葡萄酒包括以村名命名的沃尔奈和6个1级葡萄酒。以村名命名的沃尔奈是由9个园区酿造出来的。从斜坡下部混有石灰冲积土的黏土质土壤诞生的葡萄酒具有骨骼坚牢度。相对的，斜坡上部为石灰岩，酿出的葡萄酒有着柔和的果香味。"这些性格迥异的葡萄酒每年都会进行混合，以此来探索沃尔奈典型的优雅与和谐。"帕斯卡如是说。有伯恩的香波之称的沃尔奈，喝了布雷酿造的酒就会有切身体会。

　　接下来介绍1级葡萄园，位于沃尔奈心脏部的香槟园（Champans）和荆棘园（Le Ronceret）是大片的含有泥灰岩的褐色石灰岩土壤。位于默尔索（Meursault）的桑特诺园（Les Santenots）和与默尔索毗邻的罗巴戴乐（Les Robardelles）为含铁多的红色石灰质泥岩。相对的，作为独占园的格朗德尚园（Grand Champs）靠近波玛，土壤为小石块多的冲积土。并且，位于山坡上部的橡树园（Clos des Chenes）表层土

厚，黏土含量多。"只隔了几十米或几百米，每时每刻葡萄园的个性都是不同的，这就是沃尔奈。但是如果选择一个沃尔奈最典型的1级园的话，应该是香槟园吧。有着如格里优特园（Les Griottes）的白兰地（Eau de vie）般的芳香，凝练的优雅和精致，结构强、余韵悠长。"

　　布雷的过人之处就在于无论气候多么恶劣，都能够打造出每个1级园的清晰个性。原则上不降级或混合。布雷说，"拥有着如镶嵌的艺术品般的风土条件，沃尔奈所独有的优雅是一件非常愉快的事情。"布雷是沃尔奈的能人。所以想要享受一下沃尔奈的话，千万不要错过这个酒庄。

Part.3
加利福尼亚的黑皮诺

采访AVA所了解到的加利福尼亚的黑皮诺

提起加利福尼亚的葡萄酒，从产量来看波尔多系的混酿酒容易受瞩目。但是，近年来表现最突出的是黑皮诺。我们探访了不断地致力于表现黑皮诺和土地本质的葡萄酒酿造地。

（左上）旧金山金门大桥。过了桥就到了葡萄酒产地。
（左下）可以边欣赏葡萄园，边品尝中餐和晚餐的纳帕谷葡萄酒火车。
（右下）种植勃艮第品种时，一般斜坡上种植黑皮诺，平地种植霞多丽。

理解本质、转机、正在变化中的当下

加利福尼亚的黑皮诺正处于不断进步的过程中。据生产商说，转变的契机是2004年公映的电影《杯酒人生》（Sideways）。加利福尼亚的黑皮诺历史超过160年，为什么现在才发生变化呢？

黑皮诺被带入加利福尼亚是在"淘金热"最流行的19世纪50年代。由匈牙利的贵族阿格斯顿·阿拉斯特（Agoston Haraszthy）及法国的若瑟芭黎雅（Josepf Perrier）等移民带到加州。20世纪80年代，古斯塔夫·尼伯姆（Gustave Niebaum）在鹦歌酒庄种植了黑皮诺，并和多个品种混合，酿造出了带有勃艮第风格的葡萄酒 "burgundy"（译者注：勃艮第的英语说法）。1942年勃艮第的葡萄酒生产商路易斯马提尼（Louis M. Martini）利用从故乡带来的黑皮诺开始研究克隆。1946年安德烈·契里谢夫（Andre Tchelitscheff）培育出了代表加利福尼亚黑皮诺水平的柏里欧酒庄黑皮诺干红葡萄酒（Beaulieu Pinot Noir）。葡萄园以温暖的中央谷（Central Valley）为中心开拓，大规模的葡萄酒酿造商也逐渐增多。但是，20世纪60年代以后，随着向凉爽产地的进发，小规模的高级酒园开始抬头。1968年，鲁奇奥尼（J Rochioli）看穿了俄罗斯河谷的垄断，开始种植葡萄树。1974年乔希·詹森（Josh Jensen）在海拔670m的石灰质土壤的哈兰山（Mt. Harlan）开拓了葡萄园。20世纪90年代以后，通过花香葡萄园酒庄、玛尔卡森园、一等酒庄的崛起，索诺玛海岸的葡萄酒取得了长足的进步。圣路西亚高地（Santa Lucia Highlands）也被栽培家们开拓出来，诞生了若干个单一品种葡萄园的葡萄酒。也就是说，被称为名品的黑皮诺在电影之前就已经存在了。

电影之后发生变化的葡萄酒及市场趋势

但是，蒙大菲酒庄（Robert Mondavi Winery）的酿酒师古斯塔沃·冈萨雷斯（Gustavo A. Gonzalez）却这样说道，"那只是极少一部分葡萄酒，是特例。通常在美国如果提到加利福尼亚的干红葡萄酒，就是指以赤霞珠为代表的波尔多系品种的葡萄酒。《杯酒人生》之前黑皮诺几乎默默无闻。因此很多生产者和品酒师在不了解黑皮诺本质的情况下，要求黑皮诺也要有和波尔多系品种一样的强劲。"

充满生机勃勃的果香味的强有力的葡萄酒，这种一直以来加利福尼亚的黑皮诺的印象未必来自于加利福尼亚的气候、地理、土壤等带来的风土个性。在这一点上，以电影的票房高涨为契机，"很多酿造者开始认真思索黑皮诺的品种个性。事实上，蒙大菲酒庄也在黑皮诺的酿造方面进行着大范围的策略改变"。关于这些变化，此次访问的其他厂商们也持同样意见，德布斯酒庄的酿酒师Cecil Lemerle-Derbes说，"我的葡萄酒不是强劲型的，在第一次酿造出的2003年份酒没有受到评论家们的青睐，现在已经被很多人所接受。"还有，帕兹酒庄（patz&hall）的酿酒师詹姆士·霍尔（Jame shall）也提到"电影公映之后，市场上黑皮诺的口味也在发生着改变"。

以一部电影为契机，迎来巨大转机的加利福尼亚的黑皮诺，正因为像蒙大菲那样众多的葡萄酒都在发生着变化，一定会绽放出只有在加利福尼亚才能领略到的多彩魅力。

01_索诺玛海岸
通过有机栽培磨砺出风土个性

花香葡萄园酒庄（Flowers Vineyard and Winery）

　　明朗的蓝天下，漫步在沿着起伏的地形开拓的斜坡上的葡萄园里。花香葡萄园酒庄（Flowers Vineyard and Winery）位于距离太平洋沿岸的夏威夷有2km、海拔约400m的丘陵地带。强烈的日光照在身上有点火辣辣的，但从海面越过山丘吹来的风却意外地凉爽。

　　酿酒师Darrin Low说，多亏了从太平洋直接吹来的凉爽的海风和海面产生的雾气，才有了较长的生长期，以及高地特有的巨大温差。只有在"极端的"索诺玛海岸特有的气象条件下才能孕育出丰富的风味

"极端的"索诺玛孕育出的顶级黑皮诺

达琳洛
Darrin Low

酿酒商。曾在加利福尼亚大学圣克鲁兹分校和波尔多大学学习，之后曾在派珀索诺玛酒庄（Piper Sonoma）、格吉弛黑尔酒庄（J Grgich Hills）工作，2004年起任现职。包括助手在内，酿酒师共3人。自有葡萄园共计80hm²，其中56hm²为黑皮诺。

（上）野营岭黑皮诺葡萄园（Camp Meeting Ridge）。1994年建园。植树密度4000株/hm²。种植了天鹅山、卡勒拉克隆、拉·塔希、777等9种克隆。（左下）发酵用的3t不锈钢罐。据说2011年开始也使用木制酒罐。

和细腻的单宁、骨骼硬朗的酸度。

为了强调"极端"，所以在离海近的地方开垦了这块土地，建立葡萄酒厂的是Walt and Joan Flowers夫妇。在宾夕法尼亚州经营苗木业的夫妇俩想要种植自己喜欢的品种黑皮诺和霞多丽，遍寻纳帕和索诺玛之后，于1989年买下了这里。

"当时大家都认为这一带对葡萄栽培来说过于寒冷，所以只有赫希（Hirsch）、博恩（Bohen）、马蒂内利（Martinelli）等几个人拥有葡萄园。他们栽培了仙粉黛、梅洛、赤霞珠、黑皮诺、霞多丽等很多品种，但是夫妇俩有着明确的规划，他们认为这里才是最适合黑皮诺和霞多丽的地方，并且因此开拓了这片葡萄园"。正如夫妻俩所预想的那样，这块土地如今集中了不止花香葡萄园酒庄，还有赫希、玛尔卡森园（Marcassin Vineyard）等实至名归的特级园的优秀产地。

集会山干红葡萄酒2008
Camp Meeting Ridge 2008
6个人工作的选果台上严选每颗葡萄粒。发酵采用天然酵母，根据不同的园区和克隆品种分别进行。拉·塔希克隆为100%，天鹅山20%整串发酵。不进行淋皮人工作业，只踩皮。橡木桶陈酿14～16个月。

目前，花香酒庄拥有3块自己的葡萄园。最初开拓的集会山园"至少有6种以上的海洋性、火山性土壤"。1997年买下的Flowers Ranch按照土壤和地形分成两部分，陡坡部分的弗朗西斯汤普森园（Frances Thompson Vineyard）为砂岩、包囊性土壤、泥板岩、砾岩等排水性好的土壤。与园区的名字一样，海景岭（Sea View Ridge Vineyard）为沙砾质的黏土土壤。"这些独特的风土应该在更好的园区内表现出来"，2008年开始有机栽培，2009年开始引入生物动力法。也获得了德米特（Demete）认证。

在这些单一的葡萄园中，"极端的"索诺玛海岸的特征也被充分发挥出来，而且表现最为淋漓尽致的要属野营岭黑皮诺（Camp Meeting Ridge）了。在鲜明的果香味中给了复杂的香辛味和土壤风味。紧致的  一起的上佳 他地方难以 单宁醇厚，却隐藏着清凉的硬度，略高的酸度将整体融合在口感。加利福尼亚华丽的果香味与酷爽的优雅的平衡，是其获得的个性。加利福尼亚被称为特级产地实至名归。

塞西尔·乐默尔—德布斯
Cecil Lemerle-Derbès
家庭成员包括1999年邂逅的丈夫比利（Billy）、双胞胎儿子查尔斯和简·皮尔（Charles）（Jean-Pierre）、女儿玛丽·塞西尔（Marie-Cecil）。对葡萄酒和料理的搭配非常感兴趣，在网络上公开自己的食谱，深受众多粉丝喜爱。

2007年栽培的自有葡萄园。其中黑皮诺、莫尼耶皮诺0.6hm²、霞多丽0.5hm²、西拉0.2hm²以及维欧涅300株。之所以栽植莫尼耶皮诺是因为"接下来想酿造气泡酒"。不愧是出身于香槟家族。

02_俄罗斯河谷

德布斯酒庄
Derbès Wines

闪烁着典型的法国人思维的
自然亲切的味道

没被初期的差评击垮，一朝绽放的黑皮诺酿造名家

　　鲜明的果香味和丰富的酒体。犹如湛蓝晴空一样清晰的味道在颇具魅力的加利福尼亚黑皮诺中，Derbes的葡萄酒是大放异彩的存在。淡雅的色泽、耐人寻味的果实味、倔强却细腻柔和的透明质感。"最开始的时候，完全不受美国评论家们的青睐。"酒庄主兼酿酒师Cecil Lemerle-Derbes笑着说道。她把当时的专业杂志的复印版拿给我们看，给她的葡萄酒打分为70段……不由得嗤之以鼻。但是，这次从加利福尼亚遇到的生产者经常听到的说法是，无论是消费者还是酿酒商，一般大众开始追求黑皮诺的优雅感觉是在2004年《杯酒人生》上映之后。这样想的话，在Cecil拿出第一个年份酒的当时，她的

俄罗斯河谷黑皮诺干红葡萄酒2007
Russian River Valley Pinot Noir 2007

目前为止酿造的年份有2003、2006、2007、2008年。2007年单独使用了拥有115及777等第戎克隆的斯威尼葡萄园（Sweeney Vineyards）所产的葡萄。只有5%左右使用整串发酵，其余除梗。50%法式橡木桶的新桶陈酿12个月。

葡萄酒酒款不被理解也不会觉得不可思议了。当然，现在不仅在国外，在美国国内的评价也很高。

塞西尔出身于法国香槟大区栽培葡萄的农家。在兰斯大学学习酿造和栽培，并在加利福尼亚的舒格酒庄和以色列的犹太神灯酒庄（Golan Heights Winery）刻苦钻研积累了经验后回到故乡。但是，"在香槟大区女性酿酒师很难有所突破，老家的葡萄园做酒庄规模太小了"，因此1998年再次来到加利福尼亚，在作品一号酒庄（Opus One）找到了一份工作。并且于2001年创立了自己的酒庄。选择俄罗斯河谷的理由是，"即使在凉爽的索诺玛地区，沿河岸流动到这里的雾气直到中午时分才慢慢消散，因而这里比其他地方更凉爽"。酿造的葡萄酒有黑皮诺、霞多丽、黑皮诺和莫尼耶皮诺混酿酒3种。总产量大约900箱。其中占一半产量的黑皮诺也坚持只在好的年份酿造。我们试饮了第一个年份2003年的年份酒，葡萄酒中多了较为复杂的妖娆。迄今为止，虽然加利福尼亚陈酿的葡萄酒中遇到过比较"妖冶"的赤霞珠，但黑皮诺也能如此"妖冶"却是第一次。真是个令人欣喜的发现。

葡萄来自能满足酒庄苛刻的栽培要求的2户农家。2007年开始在自家房子的周围开垦自有葡萄园。这里是一个坡度平缓、通风良好的地方。土壤为含有石灰的砂岩质土壤。酒庄没有酿酒设备，因此在附近的葡萄酒生产商那里进行。发酵采用5t的正方形酒罐。据说这样的形状果帽与液体的接触面积会变大，因此即便减少踩皮的次数，也能完成必要的萃取。塞西尔说"不要给葡萄和葡萄酒增加负担，温柔地对待才是酿造优雅的黑皮诺的关键"。从今年的收成来看，可以计划单独酿造自家葡萄园的黑皮诺。"为了要建葡萄酒厂，所以想增加产量"，今后也会增加对农户葡萄的收购量。这位黑皮诺酿造的名家正踌躇满志，筹划着宏伟蓝图。

（上）家里到处装饰着孩子们画的画及家里人的照片。
（下）黑皮诺所选的品种是以第戎克隆为主的5种克隆及2种母本，7700株/hm²，在加利福尼亚地区属于高密植率。

为黑皮诺奉献了半个世纪热情的人

沿着斜坡的岩壁上开凿的陈酿库中幽暗的通路前进，身旁整齐地码放着一排排的橡木桶。潮湿的空气有些阴冷。又走了一段，看到朦胧的灯光下，桌子上已经准备好了葡萄酒。带有清新的石榴石、土壤的风味，紧致而透明质感的果香味。此种氛围，此般黑皮诺的口味。恍若置身于欧洲酒庄中。

这种感觉是很正常的。舒格酒庄的老板沃尔特·舒格是德国人，出身于莱茵高（Rheingau）著名的酿造地阿斯曼斯豪森（Assmannshausen）。从1954年起，他就在老家的葡萄酒厂酿造黑皮诺了。

虽然酒庄和葡萄酒都带有浓厚的欧洲印记，但实际上沃尔特是在加利福尼亚的历史上留下了巨大印记的人物。他曾经在约瑟夫菲尔普斯酒庄（Joseph Phelps）成立的第二年即1973年，担任该酒庄的酿酒师，打造了波尔多混酿的首个旗舰品牌葡萄酒"徽章"干红（Insignia）。另外，还在这块土地上首次引进了西拉。同时也是采用雷司令和琼瑶浆酿造晚摘葡萄酒的先驱。

转机发生在1980年。这一年约瑟夫菲尔普斯决定终止生产黑皮诺干红葡萄酒。因为当时的黑皮诺没有人气，不畅销。由于对故乡的眷恋和对高贵品种黑皮诺的难以割舍的情怀，沃尔特决定收购葡萄自己来

03_卡内罗斯产区
舒格酒庄
Schug Carneros Estate Winery

集中体现了欧洲氛围的优雅的黑皮诺

绵延起伏的酒庄周围广阔的自有葡萄园。据说黑皮诺栽种在山坡上，霞多丽则种在平地。以波玛为中心的5种克隆，土壤为火山灰及沙质黏土、黄土。想要打造多种动植物共同生存的环境，所以在园区内也开辟了一块池塘。

米歇尔·考古斯
Michel Cox
出生于索诺玛的米歇尔，毕业于UC戴维斯分校。1995年作为酿酒师就职于舒格酒庄。他尊为师父的老板沃尔特于2007年隐退，现在作为顾问为米歇尔献计献策提供支持。

（左）卡内罗斯黑皮诺干红葡萄酒2009
Pinot Nior Carneros 2009
（右）舒格酒庄传统珍藏黑皮诺干红葡萄酒（卡内罗斯）2007
Pinot Nior Carneros Heritage Reserve2007
传统珍藏选用了包括自有葡萄园在内的卡内罗斯地区内的古树来酿造。采用法式橡木桶发酵，新桶32%，陈酿16个月。紧实的果香味和高度的酸的完美平衡构成了复杂的口味。常规款采用法式橡木桶，新桶率30%，陈酿9个月。

（上）据说是德国的橡木桶工匠为了庆贺酒庄成立而赠送的贺礼，桶上雕刻着精致的图案。
（下）安装了带有旋转轴承，能进行踩皮作业的发酵罐。起泡酒时黑皮诺酿造则使用涡轮式发酵罐。

为猫头鹰搭建的巢穴，但一种叫"青鸟"的青蓝色小鸟也经常光顾。后面的森林还能看到鹿和火鸡等动物，真是得天独厚的环境。

酿制。并且，在约瑟夫菲尔普斯酒庄工作的同时，为了筹措成立酒庄的资金，开始出售从德国进口的酿酒设备及葡萄园里使用的农机、陈酿用的橡木桶等。1983年开始专心经营自己的酿酒事业。

支撑着酿酒师和自有葡萄园的是AVA卡内罗斯。据继承了沃尔特事业的酿酒师米歇尔·考克斯说："卡内罗斯地区冬天温暖所以开花早，夏天因为雾气凉爽，生长期长，因此葡萄才有了酸度和风味。另外风大得几乎要把树吹倒，产量自然降低，仅为3.75t/hm^2。果皮厚，因而带有浓郁的烟熏味道。"

舒格酒庄认为应该把卡内罗斯特有的个性反映在葡萄酒里，因此酿造时格外细心。例如，在进行MLF时使用的是自家公司进口的德国产大橡木桶。"这种橡木桶不会给葡萄酒带来影响，而且能保持稳定的温度。而且MLF之后转移至法式大酒桶时跟酒桶的融合度较好，能够轻柔地完成葡萄酒酿造。"考克斯说。2001年开始，"因为想提取颜色的同时，获得柔和的单宁"，所以启用了带有旋转轴承，能进行踩皮的发酵罐。

访问结束后我终于明白了。舒格酒庄的葡萄酒之所以带有欧洲的感觉，不是因为酿酒师是德国人，而是因为正确理解了品种和土地的特性。在这种意义上说，这个味道称为加利福尼亚风味就再合适不过了。

勃艮第出身的酿酒师终于找到的理想栽培地

按照酒庄的标牌指示拐个弯儿，车子就开始爬坡了。宛如在郁郁葱葱的绿色中穿行一般，沿着狭窄的山路前进，时不时地会看到"小心山上的狮子"的警示牌。当我们开始怀疑走错路而忐忑不安时，已经抵达山顶的酒庄。在遥远的下方，隐约能看见萨拉托加（Saratoga）和圣何塞（San Jose）的街道。海拔600m，在大部分葡萄园都位于海拔200～300m的圣克鲁斯山地区也是海拔极高的位置。这就是伊甸山酒庄。

历史追溯到1943年。创始人马丁·雷（Martin Ray）。出身勃艮第的保罗·马森（Paul Masson），因为这一带的环境与故乡的栽培条件相似，于是1878年在此创建了葡萄酒庄。马丁·雷是他的继承者。1945年，雷以保罗家乡的朋友路易·拉图（Louis Latour）转让的黑皮诺和霞多丽的苗木为基础，建立了自己的酒庄。1972年老板换人，酒庄更名为伊甸山酒庄。目前杰弗瑞·帕特森（Jeffrey Patterson）和他的妻子埃丽（Ellie）在负责酿酒和经营。埃丽介绍说："这里是高原，气候凉爽、生长周期长，年平均降水量为630mm，因此不需要灌溉。"他们的做法是最大限度地将得天独厚的自然条件发挥出来，在酿造过程中不进行太多的人工干预。只采用天然酵母，分地块来酿造。陈酿的地方是开凿岩壁而成的洞穴式酒窖。据说这里的天然条件就能维持最适合的湿度和温度。

这里出产的葡萄酒拥有细致的单宁和朴实的果实味、均衡完美的高度的酸、复杂的风味。在感慨不愧为勃艮第出身的人选择的地区的同时，也再一次惊叹于加利福尼亚这块土地的多样性。

04_圣克鲁斯山
伊甸山酒庄
Mount Eden Vineyards
高原和无灌溉
培育出的优质黑皮诺

（上）从酒庄驱车5分钟到达洞穴式酒窖，建造于1991年。
（下）保罗·马森从勃艮第运来的苗木现在作为伊甸山克隆流通于市面。划分成3个区块的黑皮诺，1997年重新栽种后改为采用居由型（Guyot）整枝法。

伊甸山酒庄黑皮诺干红葡萄酒
Estate Pinot Noir2008
1t的上开盖型的发酵槽中50%整串发酵。使用法式橡木桶，新桶率75%，陈酿18个月。2008年的产量为969箱。灵动的果实味中结构强，略高的酸和朴实的泥土风味给予了葡萄酒深度。

埃丽·帕特森
Ellie Paterson
从1972年开始担任伊甸山酒庄的酿酒师。1981年同为负责人的丈夫杰弗瑞·帕特森作为助理酿酒师也加入进来。2008年开始成为实际意义上的老板。自有葡萄园16hm²，其中黑皮诺3hm²。

05_安德森山谷
金目酒庄
Goldeneye Winery
重点强化AVA区域内的风土的刻画
细心地描绘安德森山谷的个性

金目酒庄10度黑皮诺红葡萄酒 2007
Goldeneye Ten Degrees 2007

2006年首次酿造的特级葡萄酒。100%新桶，陈酿16个月。给人红色莓果的印象，花香馥郁的果实味，紧实且带有矿物质风味。包括单一葡萄园在内的一个系列，不好的年份会整体降级，作为安德森山谷AVA来酿造。

与品酒室分开设置的葡萄酒酿造车间。采用3t的正方形发酵罐，按照每种克隆和区域分别进行酿造。100%整串发酵和除梗发酵的酒款分开酿造，最后混合。整体控制在3%~4%。

扎卡里·拉斯姆森
Zachary Rasmuson

酿酒师兼副社长。2003年作为酿酒师加入酒庄。"对于喜欢黑皮诺的我来说，能够集中精力来酿造优质黑皮诺，这个环境是最棒的！"据说，在酒窖旁边的果湾溪园利用放羊来进行树下的杂草管理。

创立于1976年，以梅洛为中心的波尔多系混酿而声名鹊起的杜克霍恩酒庄（Duckhorn Vineyards），酒庄老板杜克霍恩夫妇在安德森山谷创立了强化高端品牌的黑皮诺干红葡萄酒的金目酒庄。酿出首个年份酒在1997年。"这里距海边仅30km，海上凉爽的空气通过与海岸线成90°直角的山谷流淌进来，气候凉爽。另外，平地较少，葡萄园位于斜坡上。"酿酒师扎卡里·拉斯姆森（Zachary Rasmuson）说道。

酒庄在安德森山谷AVA拥有4处自有葡萄园。采用20种以上的克隆品种，贯彻0.8t/ha的低产量。6年前开始停止使用除草剂，实行环保的栽培方式。4个园区中南北相距最远的也仅有13km，但"各自微气候和土壤都不同"，所以都使用单一田地酿造。

相距虽然仅有几公里，葡萄酒的差异却是惊人的。例如，位于最北端的海拔350m的奈罗园（The Narrows Vineyard）带有紫罗兰的优雅，酸度高口感丝滑。酒窖的所在地海拔50m的果湾溪（Gowan Creek Vineyard）带有黑莓的风味，酒体结实。"只想表达不同的葡萄园的个性"，所以酿造方法是统一的。发酵后采用法式橡木桶陈酿，新桶率50%，陈酿16个月。最高级的葡萄酒是精选所有地块的葡萄混酿而成的"十度"葡萄酒。取这个名字是因为南北葡萄园有时温差会达到10℃。

从表现AVA每个区域个性的阶段开始，一步一步前进，细心地描绘出点滴AVA多样性的金目酒庄的黑皮诺，告诉了我们加利福尼亚葡萄酒的悠远意境。

右_ 古斯塔沃·冈萨雷斯
Gustavo A Gonzalez
左_ 杰拉德·伊根
Geraid Egan

古斯塔沃1995年开始在蒙大菲的实验室里工作，2004年成为酿酒师。听说他父亲是农业学者，因而从小就对农业感兴趣。杰拉德·伊根自1996年开始任现职，细腻的感觉与黑皮诺的印象完全符合。

蒙大菲珍藏黑皮诺干红葡萄酒2009
Pinot Noir Reserve 2009

洋溢着紫罗兰和玫瑰般风味的紧致而复杂的口味。2009年只有雨博克隆100%整串发酵。不管放在罐子的哪个位置味道都会改变，因此古斯塔沃（Gustavo）喜欢将其放置于"优雅而且能获得整体平衡的正中央"的位置。

小巧的酿酒厂所执着的葡萄酒酿造

采访的当天，原以为我们要去的是像酒庄名一样规模宏大的地方，而当我们抵达目的地时，却发现竟然是个非常不起眼的像工厂一样的建筑。"这里是专门为了酿造珍藏版黑皮诺而修建的酒窖"，迎接我们的是专门负责珍藏版的酿酒师杰拉德·伊根。原以为既然是大厂商蒙大菲酒庄，珍藏版葡萄酒应该可以批量生产，不过据说实际上生产量仅为1500箱。

葡萄采用AVA卡内罗斯的海德园（Hyde Vineyard）和兰测园（Launcher Vineyard）。据负责红葡萄酒的酿酒师古斯塔沃·冈萨雷斯（Gustavo A Gonzalez）介绍说，选择这里的理由是"因为这里气候凉爽，海雾到午后很久才消散，夏季正午的气温比纳帕低15℃，采收期也要晚1周以上。缓慢地成熟，才孕育出了丰富的香气和酸度"。

据说2005年开始葡萄酒的酿造发生了很大的变化。从低温14~15℃下浸渍2~4天改为10℃浸渍4~10天，另外，还引进了特聘的工匠用风干了5年的木材打造的特制橡木桶。试着品尝普通橡木桶和特制橡木桶陈酿的海德园葡萄酒，其差异一目了然。前者橡木桶和葡萄酒还没有完全融合，后者虽然是新桶却有着让人难以置信的优雅风味。黑皮诺1成多采用定制版橡木桶。

"过去不管是黑皮诺还是赤霞珠，都追求强劲的味道。不过现在突显出'典型的黑皮诺'的特征是最重要的。"古斯塔沃说道。2009年开始实施部分整串发酵。我想今后也应该关注不断进步中的罗伯特·蒙大菲酒庄。

06_卡内罗斯山

罗伯特·蒙大菲酒庄
Robert Mondavi Winery
专用设备诞生的
精心雕琢的葡萄酒

（左）经过5年风干的特制橡木桶上有工匠的签名。1个橡木桶1500美元，价格是普通橡木桶的2倍以上！珍藏版赤霞珠中也使用1成。
（下）酒庄院内的葡萄园里，为方便参观者，将葡萄分品种栽植，并附有铭牌。

Part.4

日本的黑皮诺

采访酿酒师时所见到的日本的黑皮诺

如果说存在品种与风土的最佳组合的话，其中之一无疑要属黑皮诺和勃艮第了。几百年来这片土地向人们昭示着唯有黑皮诺才能展现出的独特世界。

可能性增大是因为有克隆的存在

目前日本国内从事黑皮诺酿造的酒庄和葡萄园已经达到52家。在日本，也同样以公认的最适合黑皮诺生长的凉爽地区为中心，越来越多的酿酒师开始用黑皮诺酿酒。

尤其是北海道，近几年来涉足这一领域的葡萄园和酒庄数量以惊人的速度持续增长中。在葡萄园开园最积极的岩见泽一带，新葡萄园几乎都种植了黑皮诺。另外也有如贵彦酒庄（P71）、近藤酒庄、10R酒庄等从一开始就从事黑皮诺酿造的酒庄。

在余市町，也形成了一个很大的高潮。余市葡萄酒鼓励周边的农家栽培黑皮诺，岩见泽也同样积极推进新开园的农家种植，诸如此类的实例屡见不鲜。町政府也在积极调查黑皮诺的栽培面积。

长野县也紧随北海道之后，积极推广黑皮诺种植。据说在县内气候凉爽的东御市，包括东方别墅酒庄（Villadest Winery）（P68）等3家酒庄的酿酒师在内，很多农业工作者打算培育黑皮诺。其他的栽培地还包括盐尻市、安云野市、上高井郡（小布施一带）。

摊开历史长卷，实际上北海道的黑皮诺（正确地说应该叫斯贝博贡德Spatburgunder）栽培历史悠久。北海道葡萄酒于1974年在浦臼开拓自有葡萄园，整个20世纪70年代分两次进口了各种葡萄品种。当时斯贝博贡德也被带进了北海道。函馆葡萄酒（Hakodate Wine）也于1982年向余市的农家分发葡萄苗，鼓励种植（苗木的系列不明）。在本州，京都的丹波葡萄酒从20世纪80年代起尝试进口德国的克隆植株，1989年开始正式栽培，东北地区的武田酒庄20世纪80年代曾尝试栽培，但认为其抗病性弱而放弃（1995年重新栽培）。

时间进入到2000年，情况发生了戏剧性的变化。咨询公司开始出售从海外进口的克隆植株。现在这家公司也出售多种克隆植株。最近为了追求多样性，不少生产商选择栽种多个克隆品种。

生产者终于可以栽培自己想要的克隆植株是在2000年。种植黑皮诺绝不是以产量取胜，因此选择种植黑皮诺需要下很大决心。当我们问到栽培黑皮诺的契机时，从酿酒师的言辞中，我们能感受到的是想挑战下成功率低的这一品种的气概和强烈的想法。敬请期待今后陆续登场的日本黑皮诺的表现吧。

Japan
日本主要的酿酒商

北海道葡萄酒、贵彦酒庄、北海道中央葡萄酒、Sun mamoru Winery、可可农场和酒庄（COCO FARM &WINERY）、Cave d'Occi Winery、小布施酒庄、楠酒庄、东方别墅酒庄、安云苹果瑞士村酒庄、城户酒庄、莫西亚城堡酒庄、三得利登美丘酒庄、札幌葡萄酒、丹波葡萄酒、都浓葡萄酒及其他。

无比确信的高原黑皮诺的可能性

　　东方别墅酒庄的自有葡萄园位于海拔850m的高原。在日本也是数一数二的高原酒庄。

　　而实际上，该酒庄创始人玉树丰男1992年只栽培了60棵黑皮诺，因为没出成果就改种了其他品种。重新开始种植黑皮诺是在2004年，一鼓作气扩大葡萄园规模的同时，这次种植了300株黑皮诺。小西先生说："我们的葡萄园在本州地区也属于非常凉爽的地带，感觉跟葡萄园最适合的是霞多丽。这样的话就有了再次挑战同是勃艮第品种的黑皮诺的价值。"

　　曾一度被放弃的品种，玉村先生购入了300棵。那个时候，中小规模的酒庄也终于可以通过咨询公司购入知道血统的克隆品种了，小西通过这家公司购入了澳大利亚的克隆品种并开始栽培。

　　2006年这些葡萄树迎来了首个收获年份，葡萄酒产量甚至连一桶都不到。采用的是低温浸渍，按照传统方法来酿造。

　　"色泽相当不错，毫无疑问有着黑皮诺的味道。我觉得行得通。"

01_长野县
东方别墅酒庄
Villadest Winery
反映出高原的
凉爽气候
带来的优雅味道

瞬间能产生干冰的非常有用的设备，2009年购入并使用。使用它可以顺畅地实践低温浸渍。酿造过程中不使用水泵，将收获的葡萄连整个容器抬起来，利用重力移动到罐子中。酿酒车间依斜坡而建。

小西超
Tohru Konishi
东方别墅的栽培酿酒负责人。进入宝酒造之后，担任该公司的葡萄酒事业部负责人。曾得到过已故浅井昭武的栽培酿酒指导。认为适合黑皮诺的是凉爽的气候环境，土壤也是非常重要的。打算挑战黑皮诺的有机栽培和天然酵母发酵。

黑皮诺干红葡萄酒2008
Pinot Noir 2008
100%除梗。13℃低温浸渍3天。采用新西兰的克隆品种MV6，平均树龄6年。利用人工酵母发酵，新桶率0，陈酿12个月。果实和酸度均衡、优雅。能够充分感受到本州黑皮诺的可能性。

黑皮诺的栽培面积约0.8hm^2。黏土质比较多，但小西认为能够催生出味道中的立体感。澳大利亚的黑皮诺酿造者评价说树势、葡萄串的大小都没有问题。另外，据说收获时的糖度、酸度、pH与勃艮第的数值没有太大差距。

酒窖中也统一装饰成公司的代表颜色绿色。以黑皮诺为代表的红葡萄酒的橡木桶被保管在塑料窗帘的里面。

强劲、小型的葡萄串。确实果皮薄易破，但并非容易患病。临近采收期也不会出现果裂。

　　2008、2009、2011年黑皮诺葡萄园的面积进一步扩大，现在已经达到2000株。

　　"因为黑皮诺在日本几乎没有栽培，所以到手的克隆品种从少部分开始种植，逐渐增加到5种左右。"

　　并且，7年来小西在知识和实践层面都持续进行了细致的研究。认真研读葡萄酒的相关图书和介绍海外酿酒商的杂志及文献，也拜访了勃艮第和新西兰的酿酒商。他回忆道："我拜访了采收期为9月中旬的勃艮第（东方别墅酒庄的采收期为9月下旬），丝毫没有违和感、相同的气温增加了我的自信。"虽然不能说完全照搬，但关于除梗、补酸、补糖等也会参考当地的方法。

　　小西说黑皮诺葡萄和葡萄酒都是柔弱优雅的，某种意义上来说有点像白葡萄酒。与果皮、树枝及味道都比较强硬的赤霞珠形成对比。所以无论是栽培还是酿造都需要温柔细致地呵护。

　　"除梗但不破碎。葡萄没被捣碎，发酵就能够缓慢进行。这样或许能带来黑皮诺的优雅。"他是这样考虑的。

　　2004年开始培育，第一次实现量产是在2009年。迄今为止所付出的辛苦终于开花结果了。"虽然黑皮诺比较柔弱，但比其他的品种更能反映出土地的个性，因此，我越来越相信它能够表现出这块处于高原怀抱中的土地的个性。"

新的举措改变了葡萄酒

  山崎酒庄是位于北海道三笠市的一个家族经营的小型酒庄。"种植黑皮诺是我们家族酒庄的发端。"创立了酒庄的山崎和幸说道。并且，实际上，酒庄成立的同年酿造的第一个年份酒黑皮诺2002年就引起了葡萄酒爱好者们的热议，"北海道也能酿出这样的葡萄酒？"

  现在大儿子亮一主要负责酿造，二儿子太地负责栽培。最初亮一为了重现2002年的味道，完全忠实于当时的顾问留下的记录来酿造。老实说，大多情况下短时间内能感到葡萄酒的酸度略微变强，好像很辛苦，但最近一两年味道中发生着明显的变化。

  变化的背景在于葡萄自身的变化和为了追求发酵而引发的变化。另外也是因为"北海道的凉爽产地的黑皮诺"的印象在亮一的心中逐渐成形。他认为发酵前10℃以下这一相当低的温度下的低温浸渍和发酵初期的萃取方法能够充分发挥凉爽产地黑皮诺的鲜爽度和内敛的单宁。

  自家农园中黑皮诺的比例占23%。"感觉黑皮诺吸引了很多人，其酒款已然成为酒庄的一张名片。我们可以自负地说，北方的黑皮诺的印象是由我们酿造出来的。天然酵母、第戎克隆等还想多多尝试。"两兄弟的挑战值得期待。

山崎亮一
Ryoichi Yamazaki
从东京农业大学毕业后，担任自家酒庄的酿酒师。虽然声称"现在还没弄清楚黑皮诺的风格"，一边却使用黑皮诺勇敢地进行着利用天然酵母发酵、瓶内二次发酵酿造起泡酒等尝试。

黑皮诺干红葡萄酒2008
Pinot Nior 2008
除梗破碎后，搅拌均匀，10℃以下的低温浸渍5天。使用人工酵母为了释放出鲜爽度，在酒精度升高之前（发酵的前半期）严格进行踩皮。2010年，用天然酵母酿造的无过滤版本也已装瓶出售。

发酵罐的一面被做成了冷却板。作为研究起泡葡萄酒的副产品而诞生的玫瑰葡萄酒"Blush"（左下方照片）成了非常受欢迎的商品。

02_北海道 三笠

山崎酒庄
YAMAZAKI Winery
挑战种植葡萄的乐趣

克隆采用以Kyumura区域的老板木村忠经过多年在葡萄园选拔的植株为主，还包括667、777、838等第戎克隆、阿贝尔克隆等11个品种。

03_北海道余市
贵彦酒庄
Domaine Takahiko
即便穷尽一生也要投入到黑皮诺中去

曾我贵彦
Takahiko Soga
曾在可可农场酒庄工作10年，担任过农场主，之后自主创业。在余市町积累了一年的农业研修经验，2010年在登地区获得了4.5hm²土地，开辟了1.5hm²的葡萄园，同年秋季成立了贵彦酒庄。不管是葡萄园还是藏酒都追求自然的葡萄酒酿造。

余市登Kyumura黑皮诺干红葡萄酒2009
Yoichi Nobori kyumura 2009
（左）
余市登黑皮诺干红葡萄酒2009
Yoichi Nobori Passetoutgrain
2009（右）

除梗后，几乎不破碎，装入发酵罐中，等待自然发酵。确认发酵后，只用脚来进行踩皮。仅装瓶时添加微量的亚硫酸。木莓和肉桂等的香气和美妙的味道充斥着口腔，魅力无限。

巧妙和微妙的风味是日本黑皮诺的精髓

2010年曾我贵彦在北海道余市町登地区开垦了一块葡萄园。正如标题所说的那样，为了寻找最适合黑皮诺的地方，他走遍了日本各地，从40多个候选地区中选中了这里。"余市黑皮诺的平均收获时间都要在10月14日以后，非常晚。收获季节如此晚的地区恐怕在全世界很少见。10月初，最低气温低至6℃左右，非常凉爽，几乎不用担心酸度下降。而且，受海洋的影响，直到11月初都不会下霜，所以可以静静地等待糖度上升，成熟后收获即可。"

拥有这样想法的他想要酿造的是能够感受到精妙的葡萄酒。"我认为不应该酿造那种非常坚硬的黑皮诺葡萄酒。正因为在日本才应该酿造出酒体薄却带有香气、优美且有着微妙的复杂度的黑皮诺。"他对这一点坚信不疑。

由此，他也在考虑如何让多种微生物发挥作用。收获后的葡萄整串放进极小的发酵罐中，不添加亚硫酸，等待自然地产生酵母。他说："正因为整串发酵，才有了能够发酵的微生物。"

从最初种植的植株开始不断地增加克隆，其总数已经超过了10种。曾我先生说，"虽然朋友及周边的农家都对我说只种黑皮诺是非常危险的，不过增加克隆及砧木的数量可以规避风险。再加上酿酒师只有我一个人，所以，每个克隆的成熟期不同对我来说也是非常难得的。""这个品种不会轻易地接受酿酒师的。所以我想将自己的一生，融入到黑皮诺当中去。这就是我的人生。"

是的，在日本的酿造者中没有像曾我先生这样钟情于黑皮诺的了。

发酵使用的极小的合成树脂罐移动方便且价格低廉。曾我先生认为酿造红葡萄酒没有必要使用高价的不锈钢罐。

第戎系克隆的花。黑穗短、果粒密集型。札幌酒庄挑选了香味好的777和容易获得颜色和单宁的115，拜托弘津种植。

右— **弘津敏**
Satoshi hirotsu
左— **野田雅章**
Masaaki Noda

札幌葡萄酒的野田作为栽培负责人，除了北海道之外，还管理着长野、冈山、山梨等所有地区的葡萄栽培。1990年以来弘津成为签约合作栽培的农家。和长男雄一共同经营市登地区6.5hm²的葡萄园。对于葡萄酒酿酒葡萄的栽培热情非常高。

35hm²的区域中，基本上每隔几列就改变克隆品种。栽培方法全权委托给弘津父子，但收获量、采收期基本由札幌葡萄酒决定。

04_北海道余市
札幌酒庄
SAPPORO Wine
因干劲十足的栽培家的存在
而成功的项目

做好失败准备的开始，日渐清晰的可能性

　　札幌葡萄酒开始涉猎黑皮诺始于2000年。那个时候特级起泡酒系列已经获得成功，公司正在讨论下一步，能够表现出和其他大型酒庄不同之处的品种，而且当时也进口了黑皮诺的接穗。

　　进口的黑皮诺是第戎系的4个品种。与从冈山和山梨的苗圃取来的苗木一起，在胜沼的酒庄进行试验栽培，结果第戎系的品种表现得非常出色。当时，关于黑皮诺的栽培在日本几乎等于没有先例，还有风险，公司是做好了失败的心理准备认真投入了黑皮诺的栽培。

　　为什么选中了北海道的余市作为栽培地呢？

　　"无论从哪一方面来说，最重要的是人。即便是栽培难度大的葡萄，也有想要挑战的弘津敏这样热心的栽培农家。"札幌葡萄酒的栽培负责人野田雅章回忆道。

"我想要扩大、再扩大酿酒葡萄的栽培面积。因此无论如何都想尝试一下。"弘津补充道。

就这样，2006年弘津的葡萄园里开始栽培黑皮诺。

听说最初为了提高糖度，于10月下旬收获，但为重视黑皮诺特有的香气，每年都将采收期稍微提前。这样做的结果，既保证了酸度，又收获了香气馥郁的葡萄。看到2008年酿造的葡萄酒，确信了其可行性之后，2011年拜托弘津将黑皮诺的栽培面积在现有基础上增加一倍。这次只增加了第戎系的克隆。现在，负责酿造的工藤雅义为了探究葡萄的特性，不进行低温浸渍，而采取了将葡萄破碎后发酵的方法。即便如此，发酵时他还是体验到了迄今为止从未闻过的芳香。据说他认为激发出这种芳香的是新桶的缘故，因而将新桶率定为38%。

实际上，札幌葡萄酒在长野县的自有葡萄园中也栽培黑皮诺。据说从北海道和长野的苗木长成的那一刻起，酿造的方针就已经确定下来了。做好失败的心理准备才着手的举措，如今正不断地结出果实。

Grand Polaire北海道余市黑皮诺2009
Grand Polaire Hokkaido Yoichi Pinot Nior 2009
除梗后选果、破碎（不过碾碎葡萄的滚轮间隔调到最大）。使用培养酵母。淋皮和踩皮并用。38%新桶，陈酿6个月。牛奶糖般的桶香略强，但也散发着樱桃和木莓般的果香。

（上）与被做成酒标的岩木山遥遥相望，位于青森县与三得利公司签约的农家、太田勇藏的葡萄园。
（下）近年来受到关注的长野县高山村与莫西亚城堡酒庄签约的农家佐藤明夫。

大型葡萄酒商的举措

莫西亚酒庄（Mercian）于2011年9月限量发售了"莫西亚酒庄长野黑皮诺特级AKIO"。1982年、1988年曾分别在长野县的中野市和丰野城平农场栽培，但没有成功而放弃。在失败的基础上，2007年在海拔较高的（海拔590m）的上高井郡高山村的签约栽培农家佐藤明夫的葡萄园里栽植，这次选择了第戎克隆品种。2009年首次挂果的葡萄终于没有辜负付出的努力，酿造时又充分注意了色泽和果实感不能过淡，终于这款名为Mercian的葡萄酒被酿造成功了。该公司在椀子酒庄也着手开始栽培。目标是能诞生木莓的果实感的日本独有的黑皮诺。

三得利公司以1984年登美丘的葡萄园冻害为契机开始研究新的品种。从那个时候也开始了黑皮诺的栽培试验。现在正在评估8种法国产的克隆品种，在登美丘的基础上，青森县也在进行着栽培试验。2010年采用青森的葡萄酿造的葡萄酒虽然量很少，但是带有黑皮诺的特征，由此判定试验成功，决定将其商品化。该公司9月份也在日本高端产地系列中推出了"津轻黑皮诺"。其他的大型酿酒商中，MansWine自1989年开始进行4种克隆的栽培试验，但还没有实现商品化。

第2章

全球28位生产者作证
赤霞珠激起葡萄酒的
无限能量

黝黑的小个头赤霞珠，在变身为葡萄酒的那一瞬间，即刻迸发出小小果粒中所蕴含的能量。有能量、有骨骼，精致、优雅的葡萄酒有着压倒性的存在感，在人们的心中刻下它的风姿。
现在，让我们认真聆听生产者们的讲述，试着走近蝉联国际品牌首位的这一品种吧。

© Guy Marche / SEBUN PHOTO / amanaimages

Part.1
赤霞珠的基础知识

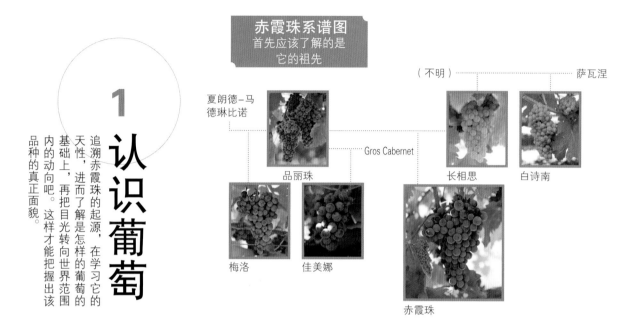

赤霞珠系谱图
首先应该了解的是
它的祖先

（不明）
萨瓦涅

夏朗德–马
德琳比诺

Gros Cabernet

品丽珠

长相思

白诗南

梅洛

佳美娜

赤霞珠

1 认识葡萄

追溯赤霞珠的起源，在学习它的天性，进而了解是怎样的葡萄的基础上，再把目光转向世界范围内的动向吧。这样才能把握出该品种的真正面貌。

　　"高贵的品种。"很多人都会这样评价赤霞珠。葡萄分类学家皮埃尔·嘎勒（Pierre Galet）也宣称赤霞珠是法国的高贵品种中最伟大的葡萄。

　　据说赤霞珠诞生于黑皮诺和霞多丽登上历史舞台数百年之后的17世纪左右。

　　通常认为它的发祥地是法国的西南部，波尔多地区的纪隆河一带。据杰西斯·罗宾逊的新著《Wine Grapes》记载，在1763—1777年编撰的书籍《Livre de raison d'Antoine Fleuihade》（利布尔讷市长执笔）中写作"Petit Cabernet"，这是关于这一品种的最早记载。另一方面，也有1803年，被之后成为木桐罗希尔古堡（Château mouton rothschild）领主的布莱恩伯爵带入了波尔多的说法。（出处：《Wine Myths and Reality》）不管怎么说，18世纪中叶至19世纪，某种程度上这个品种在波尔多纪隆河左岸扎下了根。

　　而且，那个时候赤霞珠已经从波尔多移植到欧洲其他的土地上，因而诞生了很多别名。意大利留下了1824年传入的记录。这些说法中，法国自不必说，出自东欧及俄罗斯的也比较多。据说保加利亚、俄罗斯、摩尔多瓦的称呼"拉菲（Lafit/Lafite）"来源于拉菲酒庄（Château Lafite）这一说法也非常有意思。另外，直到19世纪末赤霞珠好像都与品丽珠混为一谈。

　　波尔多地区的梅洛、品丽珠和其他的波尔多品种与赤霞珠在香气和风味方面有着共通之处，实际上这些品种之间都存在着亲子及兄弟关系。1997年，加利福尼亚的UC戴维斯分校的科学家Bowers和Meredith通过DNA分析确认了赤霞珠为品丽珠和长相思的孩子，之后弄清了品丽珠和Gros Cabernet的孩子是佳美娜，夏朗德–马德琳比诺和品丽珠的孩子是梅洛。赤霞珠的如青椒般的青臭味，是受一种叫作甲氧基吡嗪的风味物质的影响，它的母亲长相思也带有来源于这种物质的香气。

别名一览

Bidure
Bordeaux
Bordo
Bouchet (Bouchet Sauvignon, Petit Bouchet)
Burdeos Tinto
Cabernet Petit
Cabonet (Cabouet)
Cabmenet
Lafit (Lafite)
Marchoupet
Navarre
Petit Cabernet
Petit Carvenet Sauvignon
Sauvignon
Sauvignonne
Vidure (Vidure Sauvignonne, Petit Vidure)

厚实的果皮包裹着的小小果粒，决定单宁的关键

在波尔多品种中赤霞珠的果穗和果粒都属于小型。果皮厚，因而酿造出的葡萄酒大多含有收敛性的单宁。接受采访的生产者异口同声称这种单宁才是赤霞珠葡萄酒风韵的关键，甚至是葡萄酒长命的理由。

虽然萌芽晚不用担心晚霜的影响，但成熟缓慢、生长期长。如果葡萄没有完全成熟，容易出现青涩的口感。一般认为适合温暖的海洋性气候也是基于这样的理由。"波尔多地区已经到了最北面的边界。"接受调查的靓茨伯酒庄（Chateau Lynch Bages）庄主让·查理斯·卡兹（Jean Charles Caze）如是说。

通常认为赤霞珠适合生长在贫瘠的砾质土。库伦酒庄瓦妮亚·库伦（Vanya Cullen）和保罗·霍布斯（Paul Hobbs）（保罗·霍布斯酒庄老板）认为是"因为这个品种的树势比较强硬，因此生长状况比较稳定"。两个人还指出树势强是这个品种具有青臭味的主要原因。当然，砾质土壤优良的排水性也是非常重要的。实际上，在波尔多地区，砾质土壤较多的左岸多种植赤霞珠，而黏土质较多的右岸则多种植梅洛。

| 世界范围内的赤霞珠栽培地 | 其他的栽培国家包括葡萄牙、乌克兰、俄罗斯、摩尔多瓦、罗马尼亚、斯洛文尼亚、克罗地亚、捷克、斯洛伐克、德国、匈牙利、瑞士、希腊、塞浦路斯、马耳他、土耳其、黎巴嫩、以色列、加拿大、古巴、乌拉圭、新西兰、日本等。出处：《Wine Grapes》（《红酒葡萄》），杰西斯·罗宾逊（Jancis Robinson） |

国家	面积
法国	56,386hm^2
智利	40,728hm^2
美国：加利福尼亚	31,404hm^2
澳大利亚	27,553hm^2
中国	20,352hm^2
西班牙	19,430hm^2
阿根廷	17,146hm^2
保加利亚	15,827hm^2
南非	12,697hm^2
意大利	8,042hm^2

黑葡萄中栽培面积号称第一位

很难掌握赤霞珠的全部栽培面积，2004年记录的数据为26万hm^2（出处：2006年版《牛津大辞典》），在黑葡萄酒品种中是当之无愧的第一位［从整体排名来看仅次于爱仁（Airén），居于第二位］，比梅洛和霞多丽的种植面积大。而且1990—2004年的14年间增加了一倍（1990年以后超过了梅洛）。

在原产国法国2008年开始虽然有减少的倾向，但1958—2011年的53年间增加到了6.7倍。波尔多占世界总栽培面积的大约一半。

欧洲和新世界产区的人气品种虽有所不同，但赤霞珠在这两个世界均非常受欢迎，其总栽培面积几乎相同（顺便说一句，梅洛在欧洲的栽培面积远远超过了新世界的栽培面积）。不用说其背景是因为"智利赤霞珠""膜拜酒（Cult Wine）"的广受欢迎。罗宾逊列举了具有酿造出伟大葡萄酒的可能性的10个产地，其中6处为新世界产地。另外，存在感猛增的是中国。在栽培历史悠久的意大利，对于"超级托斯卡纳"（Super Tuscan）来说，赤霞珠是不可或缺的存在。

赤霞珠受欢迎的理由是什么呢？恐怕这个品种作为混酿品种有着很大的存在价值，这也是重要因素之一。赤霞珠即便只混酿了极少的量，也能够体现出自己的存在。因此，西班牙的丹魄和意大利的桑娇维塞等，各国为了葡萄酒中加入国际范，多采用赤霞珠混酿。

赤霞珠的克隆

以法国为代表，美国（加利福尼亚）、南非等，各国都在进行克隆认证，但遍布世界最多的恐怕还是法国认证的下面照片中的337（ENVAN-INRA®337）。类似于黑皮诺中的第戎克隆。此外，①②为法系的ENVAN克隆，③~⑤为FPS记录的FPS克隆（克隆前缀为UCD，因此大多称之为UCD7）。这些品种在新世界产区分布广泛。

CLONE

①ENVAN-INRA®170、
②ENVAN-INRA®169：两者均为1972年法国认证。
③LC10：澳大利亚认证。
④UCD7：威迪克隆Wente。
⑤UCD8：威迪克隆Wente。

一般很少能听到栽培赤霞珠的生产商谈及克隆品种的问题。但是，来到这里却发现加利福尼亚尤其注重克隆品种。美国（加利福尼亚）、阿根廷、南非、意大利、法国等，在所列举的这些栽培国中，能够得到最多克隆的就是美国（加利福尼亚）。

而且，在法国，ENTAV（葡萄栽培技术普及中心）于2009年重新认定了1000号克隆，现在已认定的克隆有20种。

赤霞珠以其与黑皮诺不同的魅力抓住了酿造者的心。保罗·霍布斯（Paul Hobbs）说："赤霞珠能够表现出好像截然相反的强劲和精巧同时并存的美。"岛崎大（Manns Wine）也讲道："果然是葡萄酒中的女王。既不是肌肉型的也不是丰满型的，有着禁欲主义印象的同时又像精神强大的女性。在打开心扉的瞬间就能邂逅的那种绝妙感觉是其他品种所实现不了的。"

2 栽培和酿造 生产者所讲述的

位于澳大利亚玛格利特河（Margaret River）的库伦酒庄（Cullen Wines）自有葡萄园中，采用有机种植法。保罗·霍布斯（Paul Hobbs）酒庄采用多个克隆来种植。图片为UCD4（左）。

摘叶、决定采收期、萃取方式、酿造、MLF苹果酸乳酸发酵、压皮的方式等，栽培和酿造的方法因生产者的想法不同而不同。从他们的讲述中可以了解到最新情况。

在国际品种中栽培赤霞珠面积最广，在全世界均有栽培。

在81～83页介绍的多数生产者都异口同声称栽培本身没有什么难度。不过，瓦妮亚·库伦（库伦酒庄）说，葡萄成熟之后酿造成伟大的葡萄酒很难，但弗朗索瓦·马森（François Massoc）（克利皮特酒庄Caly Ptra）和保罗·霍布斯（Paul Hobbs）则认为栽培并不容易，实际上，适合的土地非常有限。全世界广泛栽培这一实际情况，与生产者所说的栽培本身不难是一致的。虽说如此，种植赤霞珠的生产者都以生产世界顶级的葡萄酒为目标。从这个角度来看，能实现梦想的土地确实很有限。

关于克隆，几乎没有人提及。不过，在加利福尼亚对克隆感兴趣的生产者正在快速增长。在准确把握采收期方面，与糖度和酸度相比，他们更重视风味，这一点也非常有意思。艾利克·鲍尔（Eric Baugher）和霍布斯等加利福尼亚的生产者甚至断言"糖、酸完全不用介意"。一方面，最近，在波尔多已经能够测定已收获的葡萄中可萃取的单宁数量，并作为决定采收期的参数。

另外，赤霞珠代表性的青草味，很多生产者认为是由于树势的缘故。库伦和霍布斯指出，适合赤霞珠砾质土壤也是原因之一。在霍布斯酒庄，为了减轻青草味甚至大胆地尝试留副梢以控制树势。听说从全世界范围来看，在选果台去梗后，彻底清除果梗的做法越来越普遍。

过去曾经认为少量的青草味可以为红葡萄酒带来清凉感，因而多少有一点是允许的。但是随着温度比波尔多还高的新世界赤霞珠在全世界上市，最近，生产者也将其视为异味了。

单宁萃取的新动向

加利福尼亚的保罗·霍布斯酒庄酿酒时的实况。各地都有重新启用篮式不锈钢压榨机的动向（上）。沥淌（Delestage）在加利福尼亚、波尔多均开始采用（右）。

栽培&酿造的 6个确认要点
彻底比较决定风味的工艺流程

① 使用哪种克隆？

克隆育苗法在加利福尼亚和澳大利亚都能见到，但克隆本身数量少，成功的例子非常少。波尔多以苗圃育苗法为主流。

② 发酵前会怎么做？

是否采用低温浸渍，不同的生产者做法各不相同（欧洲、新世界的倾向没有差异）。通过放血法（Saignee）、蒸发（Evaporation）等方式来进行果汁浓缩的选择还是少数。

③ 淋皮还是踩皮？

以温柔地萃取单宁为目的，采用淋皮方式的生产者占了绝对的多数。进而，在这个基础上，同时采用沥淌（Delestage）的生产者也逐渐在增加。

④ 是否进行微弧氧化（micro-oxidation）？

过去曾经备受瞩目的这一手法，意外地，11个人中，除了智利的干露酒庄（concha y toro）之外，欧洲、加利福尼亚、澳大利亚均没有采用。

⑤ 是否混酿？

混酿是酿造赤霞珠的关键。除了智利和日本的生产者，选择混酿的候选品种时，赤霞珠是最多的，其次为梅洛、味而多。

⑥ 橡木桶陈酿情况

受葡萄酒等级的影响，100%新桶的很少，多为50%以下。陈酿时间一年以上的为主流，最长为24个月，时间偏长。采用橡木桶内MLF发酵方式的很少。

萃取出单宁的萃取方式也是重要的关键点。除智利和日本的生产者以外，均采用淋皮（万滋葡萄酒的岛崎同时采用两种方式）。通常认为这种方法萃取比较稳定，适合赤霞珠。另外，像波尔多的让·查理斯·卡兹和霍布斯那样，为了萃取出大分子的单宁，进而采用沥淌方式（保留果帽、种子和果皮，将发酵溶液从发酵容器中完全抽出）的生产者也在增加。对于发酵前是否采用低温浸渍这一问题，生产者分为两派。加利福尼亚的阿什利·赫普沃斯（Ashley Hepworth）、霍布斯、马森（Massoc）等，欧洲以外的生产者比较喜欢低温浸渍。现在采用放血法、蒸发、反渗透膜等方法进行果汁浓缩的生产者还是少数派。MLF发酵除了迪拉多（Enrique Tirado）以外无人采用。

另外，最近快速流行的是上图中的垂直式不锈钢压榨机。虽然大家公认从发酵后的葡萄酒中萃取的单宁会变得柔和，但霍布斯和库伦酒庄却采用了这种方式。

实际上，在试饮的葡萄酒中，香气、单宁的性质均有着很大差异。

11位生产者的调查问卷答案

我们向世界知名的赤霞珠酿造地的生产者们询问了赤霞珠栽培、酿造的现状。

01

①苗圃育苗法。②摘叶。③CS72%、M17%、CF11%。④否。⑤不采用放血法。⑥否。⑦淋皮和沥淘。⑧不进行桶内MLF发酵。⑨旧桶陈酿12个月。

法国/波尔多
（波亚克）

靓茨伯庄园
（Chateau Lynch Bages）

让·查理斯·卡兹
（Jean-Charles Cazes）

庄园主

波尔多是地处最北端的赤霞珠产地。因而成就了不仅拥有力量感而且优雅的葡萄酒。目标是既具有亲和力又强劲的经得起长期陈酿的酒款。战后也尝试了克隆选择法，但为了培育适合当地土壤的葡萄，又回归了苗圃育苗法。也进行摘叶和产量控制。采收期的确定也需根据糖、酸、风味来综合判断，在波尔多已经可以检测出可萃取的单宁数量。酿造初期频繁使用淋皮和沥淘，之后逐渐递减。想采用简单的发酵方式，因而发酵前不进行低温浸渍。

法国靓茨伯副牌干红葡萄酒2009
Echo de Lynch Bages 2009
烟草、香料的香气。第一印象柔和，但马上会感觉到年轻且收敛的单宁。酒体结构中等。属于朴实的酒款。

02

①苗圃育苗筛选法。②不摘叶。③不仅限于波尔多品种，也关注和西拉的混酿。CS50%、Sy50%。④不进行低温浸渍。⑤不进行任何果汁浓缩。⑥否。⑦木制发酵罐中、踩皮。⑧是否进行桶内MLF发酵不清楚。⑨旧桶陈酿2年。

法国/朗格多克

铁瓦龙酒庄
（Domiane de Trévallon）

埃鲁瓦·杜巴克
（Eloi Dürrbach）

庄园主

关注朱尔斯·居由（Jules Guyot）博士的观点，研究赤霞珠和西拉混酿的葡萄酒。高质量的单宁才是这一品种的宝贵之处。不进行摘叶和产量控制。采收时间根据香味和口感来判断。采用小的不锈钢发酵罐和木制的发酵槽，采用木制发酵槽时采取踩皮方式。果汁浓缩、微弧氧化均不进行，发酵时采用天然酵母、不进行温度控制。全部使用酒榨机。

铁瓦龙酒庄干红葡萄酒2003
Domiane de Trévallon 2003
具有亲和力的红色莓果系和香料的香气。第一印象不强，开放的印象。融洽但单宁依然丰富。

03

①先驱者们在试行错误之后，决定采用克隆筛选法。Paulsen336337。②几乎不摘叶。③跟品丽珠混酿。CS85%、CF15%。④实施（是否为低温不清楚）。⑤完全不进行。⑥否。⑦淋皮。⑧不进行桶内MLF。⑨新桶率1/3，陈酿24个月。

意大利/托斯卡纳州
博格利

圣圭托酒庄
（Tenuta San Guido）

皮耶罗·因吉萨·德·罗切塔侯爵
（Piero Incisa Della Rocchetta）

庄园主

遵循着父亲马里欧奠定的葡萄酒样式。单宁让人心情愉悦、优雅，这样有"格调"的赤霞珠葡萄酒才是有魅力的。博格利漫长、温暖且干燥的夏天，最适合这一品种。树龄高，不控制产量。品丽珠能使葡萄酒更优雅，所以用来混酿。为了使刚酿造出来就容易上口，在发酵前会进行短期的酿造。为避免单宁的过度萃取，在不锈钢罐中进行淋皮。最高温度31℃下发酵15天。部分采用葡萄酒压榨机。

西施佳雅2009
Sassicaia 2009
最为芳醇。黑醋栗、丁香、杉树等香气。丰富的单宁完全融进果香味中，完美平衡。代表性的橡木桶的香气也非常有诱惑力。极长的余韵。

【调查问卷的问题】❶使用什么克隆？ ❷是否摘叶？ ❸混酿的比例？ ❹是否采用低温浸渍？ ❺是否采用放血法、果汁浓缩？ ❻是否进行微弧氧化？ ❼踩皮还是淋皮？ ❽是否进行桶内MLF发酵？ ❾陈酿时间？

①纳帕的常用克隆。②摘叶。③与波尔多品种混酿。CS89%、PV7%、M4%。④低温浸渍。⑤只放血，必要时进行浓缩。⑥否。⑦淋皮。⑧桶内MLF发酵。⑨100%新桶陈酿24个月。

04

美国/加利福尼亚州
（纳帕谷）

约瑟夫菲尔普斯酒庄
（Joseph Phelps Vineyards）

阿什利·海普沃斯
（Ashley Hepworth）

酿酒师

风味富有意境、顶级的浓缩质感，口中余味悠长的葡萄酒比较好。精练的单宁也很重要。土壤的排水性很重要，但采用多种砧木在某种程度上可以解决。采用的克隆是果粒小且稀疏的类型。摘叶的目的是留出空气流通的通道，但也要注意太阳晒伤。判断采收期最重要的是口感。低温浸渍5天。发酵罐除了大型开放式橡木发酵桶外，也会使用水泥罐。为了完美地萃取而采用淋皮。发酵和酿造共计40天。酒榨机的使用会视年份和发酵程度而定。

约瑟夫菲尔普斯徽章红葡萄酒——纳帕红酒2009
Insignia 2009
第一印象感觉丝滑，随后接踵而来的是果香味和收敛性的单宁，非常强劲。压倒性的浓郁、紧致。虽然还很年轻，但实际上非常强壮。

①不清楚。②不摘叶，通过田间管理改善通风状况。③CS85%、Mal10%、Sy5%。④有时候会进行低温浸渍。⑤完全不。⑥否。⑦淋皮。⑧桶内MLF发酵。⑨100%新桶，陈酿18个月。

06

澳大利亚/南澳大利亚州
（芭萝莎山谷Barossa Valley）

彼得利蒙葡萄酒公司
（Peter Lehmann Wines）

伊恩·恩格尔
（Ian Hongell）

酿酒师

赤霞珠是酿造伟大的葡萄酒的高贵品种。其魅力在于葡萄酒的芳香和结构。酿造的目标是华美而强有力的葡萄酒。岩床为石灰岩的红土比较适合，排水性好的土壤能产生出浓缩感。不摘叶，重视配置新梢来搭建空气流通通道。采收期根据口味和糖度决定。顶级的单宁是必需的。完全不进行果汁浓缩，为了酿造长期陈酿的葡萄酒而设定较长的酿造周期，使用优质的橡木桶。全部使用酒榨机。最近的倾向是打造优质的果实感。

彼得利蒙大师红葡萄酒2008
Mentor Cabernet 2008
扑面而来的浓郁的黑加仑风味。第一印象顺滑，之后果香味出现在前方。后味水分十足却有着收敛的单宁。

①4、337、7、See、8、9（杰克逊克隆）、Jenkins克隆。②摘叶。③同一品种也会采用不同区域出产的葡萄混酿。CS9%、CF4%。④不进行。⑤否。⑥否。⑦淋皮和沥淌。⑧桶内MLF发酵。⑨20%新桶，陈酿20个月。

05

美国/加利福尼亚州
（纳帕谷）

保罗霍布斯酒庄
（Paul Hobbs Winery）

保罗·霍布斯
（Paul Hobbs）

庄园主兼酿酒师

目标是酿造只有赤霞珠才能实现的强劲与优雅并存的美丽的葡萄酒。夜间的凉爽气候对这一品种非常重要。摘叶和摘串分阶段来进行。为了减少青臭味，会大胆地保留副梢来抑制树势。收获时不重视糖度、酸度，根据风味和葡萄种子的味道来决定。发酵时会根据葡萄的状态，调整升温方法和酿造时长，但会同时采用淋皮和沥淌两种方式。踩皮会破坏果皮。重视柔和的单宁，所以压榨时采用篮式压榨机。酒榨机的使用因年份而不同。天然酵母发酵。

霍布斯酒庄纳帕谷赤霞珠干红葡萄酒2008
Cabernet Sauvignon Napa Valley 2008
咖啡、黑色莓果、丁香等香辛味。非常丝滑。单宁完美地融入其中。优雅。

①使用20种不同的霍顿HOUGHTON克隆品种。②不摘叶。③CS86%、M14%。④不进行低温浸渍。⑤完全不进行放血法和果汁浓缩。⑥否。⑦淋皮。⑧不进行桶内MLF发酵。⑨48%新桶，陈酿14个月。

07

澳大利亚/西澳大利亚州
（玛格丽特河谷区
Margaret River）

库伦酒庄
（cullen）

瓦妮亚·库伦
（VanyaCullen）

酿酒负责人

甘甜的果香味和让心情愉悦的味道的对比才是赤霞珠的魅力所在。培育虽然不难，但酿造出伟大的葡萄酒却有难度。采用SH栽培法，不需要摘叶。采用生物动力法生长均衡，不需要控制产量。细腻的单宁非常重要，所以采用篮式酒榨机。酿造过程中完全不使用放血法和果汁浓缩。糖、酸、单宁等完全无添加。一切崇尚自然。为了获得优质的单宁，采用淋皮。不过酿造期略长。使用天然酵母发酵。

戴安娜玛德林赤霞珠干红葡萄酒2008
Diana Madeline Cabernet Merlot 2008
橡木桶的香气优质适中。丝滑的构造加上极其柔和的单宁。清凉但没有压迫感，稳定柔和的风味。

①克隆品种并不重要。①一定程度上实施摘叶。③混酿是酿造优质葡萄酒的关键。CS97%、CF3%。④不进行低温浸酿。⑤完全不。⑥采用微弧氧化。⑦淋皮。⑧进行桶内MLF发酵。⑨100%新桶，陈酿14个月。

08

智利/科尔查瓜谷
（Colchagua Valley）

干露酒庄
（Concha Y Toro）

安立克·迪拉多
（Enrique Tirado）

酿酒负责人

赤霞珠的精髓在于丰富的单宁、红色系水果风味及良好的结构。干露的酒款是完美的。风土条件决定了是否经得起长期陈酿。与克隆相比，田间管理更重要。没有一开始就非常理想的单宁，都是随着陈酿而逐渐变得柔和。混酿是必要的，混合的比例体现了干露的特色。是被骨骼和酸度支撑的、顺滑优雅的单宁而且精致的葡萄酒。为了萃取适中的色素而采取淋皮（以改善香气和质感）。不使用酒榨机。

干露魔爵赤霞珠干红葡萄酒2008
Don Melchor Cabernet
Sauvignon 2008
略带个性的黑色系莓果香气。带有番石榴的味道。从第一印象开始单宁就带有相当强的收敛性、强硬、生机勃勃、强劲。

---

①波尔多系克隆。②实施。③CS64%、M22%、PV14%。④有低温浸酿。⑤使用放血法，不采用蒸发法。⑥否。⑦原则上采用淋皮。⑧进行。⑨79%新桶，陈酿约18个月。使用法式橡木桶陈酿。

10

日本/山梨

三得利登美丘酒庄

渡边直树

首席酿酒师

拥有馥郁的香气、骨骼和浓缩感的风味，非常有魅力。打算混酿，不过追求这个品种的完全成熟的果香味、支撑整体的骨骼、浓缩感。使用波尔多系的克隆，栽培时努力控制树势不能过强，为了让葡萄熟透而进行摘叶。为追求浓缩感和力量感采用放血法。酿造时为了激发出香气和理想的单宁进行短时间的低温浸渍，避免强硬的萃取，因而采取了时间略长的温浸法，打造经得起橡木桶长期陈酿的酒款。为激发出土地和品种的个性，最近也开始采用液体静置分层法。

登美赤霞珠干红葡萄酒2008
Tomi Red 2008
甘草等香辛系的香气。顺滑的结构。有立体感、有朝气、单宁带有收敛性。余韵中带有橡木桶的风味。

---

①智利赤霞珠的克隆没有实质进展。②实施。③100%CS是最理想的。想要中和单宁时进行混酿。④有时候进行低温浸渍。⑤完全不。⑥否（智利还未普及吧）。⑦每天观察发酵罐来判断。⑧慢慢地让葡萄发酵，所以必须长时间陈酿。

09

智利/卡恰波阿尔谷
（Cachapoal Valley）

克利皮特酒庄
（Calyptra）

弗朗索瓦·马森
（François Massoc）

首席酿酒师

赤霞珠是非常挑地方的〔智利真正最好的葡萄酒只有安第斯山脉（cordillera de los andes）一侧出产〕。我最喜欢赤霞珠，它能够忠实地表现智利的气候和风土。我希望酿造出能够表现出优雅、没有疲劳感、没有攻击性的赤霞珠。酿造过程自不必说，葡萄园里人为的介入也尽量控制在最低限度。采收期原则上通过试吃葡萄来决定。根据糖度和酚的成熟度来判断。尽量萃取出大分子的"面目可憎的单宁"（他喜欢用这个措辞）的放血法会破坏葡萄酒的平衡。经常使用酒榨机。

克利皮特拉查希尔赤霞珠
红葡萄酒2008
Zahir 2008
第一印象一直到中调都比较稳重，后半段会涌起安详的可恶的单宁。新橡木桶的吐司香味和丰富的黑色果香味、香草的香气均衡。

---

①没有筛选。②实施。③目前还在研究每个品种的特性，因此采用单一品种。④不进行。⑤完全不用。⑥踩皮。⑦进行。产量少，没有感觉到淋皮的必要性。⑧进行。⑨80%新桶，陈酿18个月。

11

日本/长野

小布施酒庄

曾我彰彦

栽培酿造负责人

在酿造这个品种的过程中经常受到打击，但当感受到成功的微微曙光时，那种喜悦也是无法言表的。强劲、有骨骼虽是它的特征，但并非本质，从香气和优雅的风味中表现出的品格、优雅是重要因素。没有特别选择克隆品种。不通过绿色采收来控制产量，而是选择产量适中的土壤。采摘期等到11月完全成熟时，为避免出现未成熟的单宁，让葡萄在田地里熟透是非常重要的。因为会破坏平衡所以不采用放血法，其他的果汁浓缩等均不进行。避免强力萃取。

小布施酒庄赤霞珠干红葡萄酒2009
Domains Sogga le Vin Naturelle Cabernet
Sauvignon 1er 2009
香气略显闭塞，略带香辛味。单宁稳定，但酸度比往年要强。果香味适中。余味也能感受到酸度。

Part.2

从采访的

酒庄来看赤霞珠

在波尔多左岸地区，赤霞珠·苏维翁（以下简称赤霞珠）是毋庸置疑的王牌品种。但是晚熟的赤霞珠喜欢温暖的沙砾质土壤，即便隔着一个产区都会时刻发生变化。这次我们想用地图介绍所采访的酒庄中适合赤霞珠的产区。

Gironde River
纪隆河

Atlantic Sea
大西洋

布尔 布莱依

波尔多地图

梅多克

波亚克

圣宋利安

拉古斯庄园
Château Grand-puy-Lacoste

贡兹（Günz）冰期的深层沙砾厚达15m。与地下储水部分的相距很远，沙砾的储热效果也很好。

忘忧堡酒庄
Château Chasse-Spleen

含甲壳类生物化石的石灰岩和黏土石灰的底层土上平铺着沙砾层。橙色的沙砾是地质第四纪的土壤，含铁质。

贝卡塔纳庄园
Château Boyd Cantenac

含有二氧化硅的第四纪沙砾、沙质土壤。黏土少。土壤贫瘠，排水性、保温性高，根系可以入土很深。

法国骑士庄园
Damaine de Chaevalier

表层沙质土壤下面60cm就是沙砾、含铁的砂岩、石灰岩的底层土。排水性好。

Dordogne River
多尔多涅河

莫里斯·梅多克

玛歌

Garonne River
加龙河

波菲酒庄
Château Léoville-Poyferré

圣朱利安（Saint-Julien）土壤成分多样，沙砾、底层土是含铁的铁质砂岩。越往内陆地区砂质含量越多。

波尔多

贝萨·富奥良

格拉夫&苏玳

没有赤霞珠，就无法成就左岸伟大的葡萄酒。不过生产者虽然对赤霞珠抱有敬意却不盲目崇拜。因为100%赤霞珠的葡萄酒几乎不存在，基本上都会采取混酿的方式。即使提高了赤霞珠混酿比例的生产者也会说"赤霞珠只不过是表现葡萄酒的一种手段而已"。很多人都认为"有时候收获到了优质的赤霞珠，会提高混酿中的比例，但是品种的构成本来每年都会有变化，所以品种构成与葡萄酒的本质是两个概念"。

最近虽然出现了容易被市场和消费者所接受的以葡萄品种命名的餐酒，但是波尔多原本是没有打算酿造餐酒的。

试想一下100%黑皮诺的勃艮第。乍一看觉得与勃艮第的印象截然相反，但是勃艮第是没有酿造餐酒的意愿的。正如勃艮第想用单一品种表现某一区域的气候风土一样，采用多个品种混酿是为了表现酒庄独一无二的个性。探索方式虽不同，但都是为了表现风土才有的品种，这一点是相通的。

优秀的酒庄会将旗下葡萄园所在区域细化，并且调查各个区域内的土壤构成。资金雄厚的酒庄会购进发酵容器以便按区域划分来发酵和酿造。另外，通过土壤调查也弄清楚了该区域内适合栽培的品种。也就是说，波尔多的混酿不是单纯的品种组合的差异而是细化之后的风土的混合。近年来，在部分顶级酒庄，1级葡萄酒比例下降，2级、3级葡萄酒的比例呈现出上升趋势。虽然有批判说这样导致了1级葡萄酒价格上涨，但事实上1级葡萄酒确实筛选得更加严格了，我们也才得以品尝到更优质的葡萄酒。

赤霞珠的生长环境发生了改变?

正因为赤霞珠是晚熟品种，所以喜欢温暖的气候。但是众多的生产者都指出"气温太热的话，也发挥不出它的优雅"。喜欢的土壤是排水性好、储热能力强的沙砾质土壤。

不过，用一个词沙砾来概括的话，可能会觉得排水性太低了。但是在自然条件非常好的环境下，在沙砾层和地下储水层中间，不连贯的黏土层和淤泥层，葡萄的根系为了汲取这个土层的水分而向地下深处延伸，根系延伸的范围几乎相当于一个小山丘。沙砾质山坡较多的是波亚克，联想到吉伦特河的温度调节功能，就不难理解波亚克大多栽培赤霞珠的原因了。

话说回来，全球变暖是否给赤霞珠带来有利的影响呢？本次采访的酒庄出现了意见分歧。不过一致的是"进入20世纪以来，赤霞珠经常可以达到完全成熟"。其背后共通的解释是"人的努力"。"剪枝、除芽、摘叶、确定采摘日期都非常严格。在问题发生之前就能够消除引发问题的原因。在复杂的气候变化中有着足够的耐心，越来越懂得如何去和挑剔的赤霞珠打交道了。"

栽培技术日新月异的进步使得波尔多左岸的赤霞珠走向完全成熟成为可能。

波尔多左岸的关键词是"以赤霞珠为主体的平衡"。赤霞珠给左岸带来了坚牢的结构和立体感、水灵灵的感觉，同时具有深度和广度，并且给予了葡萄酒优秀的长期陈酿的生命力和独一无二的个性。

采用双居由式引枝法，平均树龄38年。植树密度为1万株/hm²。树龄高的植株采用的是苗圃育苗法，新栽植的克隆选择了412等4~5种产量低且稳定的品种。砧木以根系延伸性强的101-14、河岸葡萄为主。

从圣朱利安向波亚克一路向北，靓茨伯酒庄往西进入内陆，就能看到平缓的斜坡。位于斜坡尽头的高台上就是拉古斯庄园。这块土地从中世纪开始就被称为"Grand-Puy"（很大的山坡）。

庄园主弗朗索瓦·泽维尔·波利（Francois-Xavier Borie）介绍说，"土壤是贡兹冰期的沙砾质冲积土壤。沙砾质土壤和小石子最浅的地方也有10m，深处可达15m。与地下储水层距离很远，所以排水性好，葡萄根系深入地下，沙砾的储热效果也很好，所以适合赤霞珠生长。这块土地给予了赤霞珠的骨骼、深度和长度。"

90hm²的区域中，1855年定级之后只将适合葡萄生长的55hm²田地作为葡萄园。可以称之为历史悠久屹立不倒的葡萄园。园区分成48块，其中赤霞珠占了35块。区块根据高度、斜坡的朝向、坡度等来划分，但土壤都是相同的地质——深沙砾层。对种植梅洛来说是保水性好的场所。

葡萄栽培过程中不使用杀虫剂和除草剂、化学肥料，严格执行减农药栽培法。通过摘芽来控制葡萄产量，7月份进行摘叶。"虽然也考虑到赤霞珠和其他品种的生长周期，但也不是特别为赤霞珠而进行的。我们最关心的是如何表现拉古斯庄园的风土。这一点在选择克隆品种时也是一样，之所以选择稳定的、低产量的品种也是为了表现风土。克隆只是手段之一。作为表现的手段砧木的选择也很重要。"

01 Pauillac
波亚克

从定级那一刻起就屹立不倒的葡萄园

拉古斯庄园
Château Grand-Puy-Lacoste

当我们问及波亚克独特的风土时，酒庄主马上回答说"伟大而优雅"。他说："赤霞珠喜欢温暖的气候，在严热带和热带地区不能发挥出它的优雅。能够获得适度的潜在酒精度数和生理学意义上的成熟的，只有波亚克的梅多克。"

关于全球变暖的问题，则答道："确实20年来我们得到了成熟的赤霞珠，但这是人们努力的结果。回首过去30年，采收日期或提前或推迟，不断重复，因此对社会上议论纷纷的全球变暖问题抱有疑问。"不论何种年份，拉古斯酒庄的独有特征，也表现在每个年份都在变化的混合比例上。

追求的葡萄酒款是"由完全成熟的赤霞珠带来的香气，第一印象到中盘、余韵，始终如一的平衡和优雅。与梅洛混酿不仅仅是在做加法，更成为衬托赤霞珠的要素"。酿造工艺方面"每年都会进行细节的改良"，2006年以后，进行了葡萄园除梗前后3次选果的实践，配备了空调的橡木桶储藏库，2011年开始建成了24小时监控发酵温度的温控系统。另外，与所采用的3家橡木桶生产公司有着30年的合作关系，因此可以得到最好的产品。在一部分顶级酒庄的价格难以接受的现在，拉古斯酒庄是能够以适中的价格品尝到波亚克的优雅的难得的酒庄。

环绕酒庄位于平缓斜坡上的静谧的葡萄园。即使品尝的是漏摘的葡萄，也非常香甜。

下图
拉古斯酒庄干红葡萄2009_右
Château Grand-Puy-Lacoste 2009

拉古斯酒庄副牌干红
葡萄酒2009_左
Lacoste Borie 2009

混酿比例：正牌酒为CS80%、M18%、CF2%。副牌酒拉古斯酒庄副牌干红葡萄酒为CS70%、M28%、CF2%。混酿比例于翌年1月决定，2月在酒罐混合后，再装回橡木桶。新桶比例75%。

右图
弗朗索瓦·泽维尔·波利_右
François-Xavier Borie

艾米林·波利_左
Eméline Borie

弗朗索瓦出生于1954年。1978年他的父亲让-尤尼·波利（Jean-Eugne Borie）从雷蒙德·杜宾（Raymond Dupin）手上收购了该酒庄。他继承父亲的家业，1992年开始掌管酒庄。同时拥有奥巴特利酒庄（Chateau Haut Batailley）。2010年起在越南从事葡萄酒进口生意的女儿艾米林也加入到酒庄。顾问是杰克（Jacques）和依瑞克波斯诺（Eric Boissenot）父子俩。

凌驾于级品之上的伟大的波亚克的优雅

02 Saint-Julien
圣朱利安

让生产者如愿以偿的赤霞珠

波菲酒庄
Château Léoville-Poyferré

乐夫三兄弟之一所挑战的无尽的变革

"我想经常做些改革。"说这话的庄园主迪迪尔·居弗利埃（Didier Cuvelier）开始掌管酒庄是在1979年。以20世纪80年代后半期评价上升为契机，1990年新建了酒窖，1994年邀请友人米歇尔·罗兰（Michel Rolland）作为酒庄顾问。

在米歇尔·罗兰的指导下，为控制产量进行了一系列的改革，如重新重视砧木、严格地摘芽、让根系向地下深处扩张的耕作、摘叶、选果台的引进以及调整了1级和2级葡萄酒的比例等。初步改革完成之后，2008年开始尝试赤霞珠的早期摘叶。

"早期指的是葡萄颗粒只有2~3mm的时期。赤霞珠的青臭香气来源于一种叫作甲氧基吡嗪的分子，这个分子积蓄在果穗附近的叶子里，随树液从叶子积蓄到果穗里。通过早期摘叶，转色后的甲氧基吡嗪的数值就会降低。当然，必须要避免葡萄遭到太阳暴晒。因而调整为温和的东北方向的光线来照射，这样一来甲氧基吡嗪的数值会进一步减少，葡萄串的通风也得到改善。"

酿造工艺方面，2010年起将单层不锈钢发酵罐改为双层不锈钢发酵罐，其中，双层内壁之间可以流通冷水。因此，在进行低温浸渍时，比使

迪迪尔·居弗利埃
Didier Cuvelier

1953年生人。迪迪尔的祖父于1920年买下了酒庄。由于最初的经营者后继无人，作为居弗利埃家族一员的他首次掌管酒庄，他说，"各个负责人齐心合力的团队能力"是葡萄酒酿造的关键。

用干冰更能保证果实的纯粹性和均匀性，对之后的温度管理也非常有利。另外，混合时间为第二年的6月，之后销售主管等4人对使用的9家橡木桶公司和葡萄酒的适应性进行审查，根据分析结果调整下一个采摘期。

关于近年来的气候，他认为包括气候变暖在内对赤霞珠是有利的。"2001年开始，春分以后降雨量少的年份多。最适合的沙砾质土壤有很强的抗旱性，晚熟的赤霞珠可以慢慢地成熟。举例来说，1984年的赤霞珠潜在酒精度数只不过9.5%。尤其是2007年以后干旱加剧，2011年总收获量仅为32hl/ha。但是，赤霞珠的质量非常优秀，保持了完全成熟的状态，这一点值得深思。我们酒庄混酿中赤霞珠的比例趋于上升。"

赤霞珠的平均树龄为15年。使用的克隆只有168和412两种。土壤以沙砾质土壤为主，土壤成分丰富。

赤霞珠的种植区域在酒庄68个全部的区域中占39个。波菲葡萄酒的魅力在于它的丰富。"我们拥有可以与赤霞珠一决高下的树龄高的优秀品种梅洛。赤霞珠的主体地位今后虽不会改变，但个人因喜欢圆润的味道，所以不打算100%采用赤霞珠来酿造严肃的葡萄酒。想保留一定比例的梅洛。"

赤霞珠与梅洛的高度协调才是波菲葡萄酒的魅力。

優美的赤霞珠和芳醇的梅洛酿造出的葡萄酒

波菲庄园正牌干红葡萄酒
2009_右
Château Léoville-Poyferré 2009
波菲庄园副牌干红葡萄酒
2009_左
Pavillon de Léoville-Poyferré 2009

混酿比例：正牌酒为CS60%、M29%、
PV6%、CF5%。副牌酒为CS71%、
M26%、PV2.5%、CF0.5%。通常被
称为副牌酒的波菲副牌（露儿保芙）
Ch. Moulin Riche是采用位于别处的
21ha葡萄园的葡萄酿造的。

双层发酵罐和一般的单层发酵罐摆放
在一起的酿造车间。"将来想全部换
成双层罐，但是价格非常昂贵，又占
地方，所以现在只有25座。"

名为"驱散忧伤"，满满的正能量，虽然并非列级酒庄，却拥有着给予品酒者"品尝到了梅道克的味道"的满足感的实力。年份差异小也是其特征。忘忧堡酒庄多年来都是深受市场信赖的酒庄之一。

但是，如此稳定的酒庄近年来也面临着一个难题。在部分树龄高的葡萄树之间蔓延着一种叫作埃斯卡（Esca）的病害，没办法只能将葡萄树拔除。酒庄董事长Jean-Pierre Foubert这样说："反复的拔除和重新栽种，会失去这块区域内树龄的同一性。不过这也可以作为考量品种和土壤适应性的机会，最终结果赤霞珠的种植率还在增加。"现在赤霞珠的平均树龄为35年。

栽培技术方面，1998年开始，剪枝、摘芽后的芽间距、延长枝等情况均委托外部的农业机构来审查。"栽培面积92hm²，分区数多达108处，只有认真地对待每一棵葡萄树，才能获得高品质的葡萄。"

赤霞珠的区域为54ha，68个区域，选择的土壤是石灰和黏土石灰，上方平铺着的厚度约为6米的沙砾层。"20世纪90年代也有赤霞珠没有完全成熟的年份，但2000年以后就都完全成熟了。不过关于气候问题，与其说是温暖化，不如说是变得比以前复杂、不规律了。"另外，促使葡萄完全成熟的不仅仅需要气候条件，与克隆的选择及比以前切实增加的对葡萄园的投入都有很大关系。投入内容之一是对区域的评定。各个区域根据其潜在能力划分为A至C3个层次，酿造1级葡萄酒只采用A区域葡萄或者好年景的B区域葡萄。再加上品酒，筛选越发严格了。

发酵容器包括不锈钢发酵罐和有环氧树脂的水泥罐共计60座。根据生长环境分组，分别进行2～3个月的酿造。

平均收获量为55hl/hm²，吉恩–皮埃尔·弗比断言："听到这个数字，很多人会觉得高。但是根据我们的经验，就算是60hl，从梅多克的沙砾质土壤中也能收获到优质的葡萄。低收获量并不意味着高品质。"

酿造过程中最关注的是萃取部分。"忘忧堡酒庄葡萄酒单宁的存在感非常明显，但又不能过度，必须是成熟的、丝滑的。我也不喜欢风土以外的不自然的果香味。而且最重要的是追求梅多克赤霞珠的新鲜度。正是因为有了这种新鲜度，黑胡椒等香气才成为了突显魅力的存在。"关于萃取，和顾问依瑞克·波斯诺（Eric Boissenot）一起，准备了3个阶段的压榨酒（vin de presse），在装瓶前最后的混酿中再决定添加比例。

大规模葡萄园里的
细致改革

03 Moulis-en-Médoc
莫里斯梅多克

莫里斯地区酒庄的矜持

忘忧堡酒庄
Château Chasse-Spleen

吉恩–皮埃尔·弗比
Jean-Pierre Foubet
1963年生人。酒庄的董事长。妻子是酒庄老板席琳·维拉尔（Celine Villars Foubet），1989年开始一起经营酒庄。席琳的姐姐是经营奥巴里奇庄园（Chateau Haut-Bages-Liberal）的克莱尔·维拉尔（Claire Villars）。

我们试饮了宣传语为"希望您耐心等上6年"的2009年份葡萄酒。确实太过年轻了，但果实味及单宁等所有的要素都很新鲜，没有完全酿造好的集中力让人心情愉悦。莫里斯的王者风采依旧在。

现代美术风格的先进酒窖。喜欢艺术的吉恩-皮埃尔·弗比，以其独特的风格，将会客室和品酒室布置得非常雅致。混酿比例于第二年的1月份决定。使用的橡木桶生产商为塔兰索制桶厂（Tonnellerie Taransaud）、沙利文（Sylvain）、索里（Saury）、纳达利（Nadalie）等5~6家。每年都会尝试使用不同公司的产品。

忘忧堡酒庄干红葡萄酒2009_左
Château Chasse-Spleen 2009
忘忧堡传奇副牌干红葡萄酒2009_左
L'Héritage de Chasse-Spleen 2009
品种构成：正牌酒为CS55%、M40%、PV5%。副牌酒忘忧堡酒庄副牌干红葡萄酒（L'Oratoire de Chasse-Spleen）为CS75%、M25%。另一个副牌酒传奇副牌干红葡萄酒（L'Heritage de Chasse-Spleen）是采用另一个树龄尚浅的区域上梅多克区葡萄（Haut-Médoc）酿造而成的。

充满了赤霞珠新鲜感的
鲜活的表情

卢森·吉耶梅
Lucien Guilemet
1951年生。1978—1991年在杰斯高庄园（La Sirene Giscours）担任酿酒负责人后，又担任了顾问，1996年回归贝卡塔纳庄园，1997年开始掌管酒庄。在同样担任庄园主的4级酒庄宝爵庄园（Chateau Pouget）也贯彻着同样的酿酒哲学。

赤霞珠的平均树龄为40年。收获量约40hl/hm²。克隆采用的是191、337、341，在遭遇葡萄根瘤蚜虫之前也采用过扦插法。

04 Margaux 玛歌

庄园主亲临葡萄园的重要性

贝卡塔纳庄园
Château Boyd Cantenac

以自然的方式展现玛歌的复杂性和轻快

在被问及对玛歌产区内众多列级酒庄的真正评价时，也许有人会小看贝卡塔纳庄园。但是，那是非常错误的。20世纪90年代后半期以后这个酒庄的飞快进步令人震撼。这要归功于庄园主卢森·吉耶梅。卢森是农业技师、酿酒师，也是顾问。也就是说，他作为波尔多著名酒庄的老板会亲自下地、亲自酿酒。正如他自己说的，"这样的做法在波尔多非常少见，也没有聘请顾问"，言辞中可见他坚信自己的决策方向正踌躇满志。他说："对于时下流行的酒精度高、为了迎合品酒而酿造的葡萄酒不感兴趣。"葡萄园里适合赤霞珠生长的沙砾质土壤较多，但对赤霞珠的栽培也是很微妙的。"通常认为赤霞珠成熟期越长越能够发挥出其高贵，所以在玛歌地区我们的采收期也是最晚的。成熟期从转色之前就开始了。需要进行严格的摘芽、花后摘叶。因为它容易侧向生长，所以牢固地固定也是不可缺少的。另外，第二茬（Grapillon）及之后的葡萄也很多，虽然我们不进行绿色采收，但在转色之前会把它们摘除。不允许因采收期推迟而导致腐烂，因此从春天开始所有工作必须准确到位。"

　　所拥有的17ha葡萄园被分成了20块，其中赤霞珠占了8块（植树率为66%）。但是，混酿中没有想特别提高赤霞珠比例的打算。"混酿自始至终都是用来表现贝卡塔纳风土的手段，没有秘诀。虽然有人认为气候变暖对赤霞珠有利，近年来虽然气候趋于干旱，但没有感觉气温明显上升。"混合的时间与其他酒庄相比非常晚，在第二年的春天，严格按照区域来分别研究酿造、陈酿是需要时间的。

院内堆放着用来制造橡木桶的木材，需要经过3年的日晒雨淋来风干。通过长时间风干可以缓和橡木桶带来的年轻的单宁。

　　"我们不参加波尔多酒庄联合会（Union des Grands Crus de Bordeaux）主办的新品发布会。100多种年轻葡萄酒中得到肯定的基本上都是强劲型的。但是玛歌产区追求的是浓缩果味中包含的复杂、轻快和优雅。"卢森所喜爱的并给予厚望的酒款就是赤霞珠。确实贝卡塔纳不适合发布会，因为它不是以浓厚来获得高分的类型。好像给予了果实所拥有的集中的力量感以无尽的生命般在身后扶持的赤霞珠，非常的优雅。自然派风格。也拥有容易被勃艮第葡萄酒爱好者们接受的平衡。

经久不衰的果香味中蕴含的复杂和优雅

贝卡塔纳正牌干红葡萄酒2010_左
Château Boyd-Cantenac 2010
贝卡塔纳副牌干红葡萄酒2009_右
Jacques Boyd 2009

混酿比例：正牌酒为CS78％、M18％、PV5％、CF4％。副牌酒为CS59％、M37％、CF4％。按照区域各自长期陈酿之后，通过严格的试饮来确定比例。2010年的贝卡塔纳还比较闭塞。

使用的橡木桶出自梅尔（Melknox）、卡杜斯（CADVS）、塔兰索（TB）等3家。不喜欢强烈的橡木风味，所以烘焙的火候主要为中等。整枝方式采用居由型整枝法。赤霞珠的果实在主枝下方成熟。采收期虽晚，但没有腐烂果。

05

Pessac-Leognan
佩萨克–雷奥良

被森林环抱的特有的风土

骑士酒庄
Domaine de Chevalier

作为酒庄的领导者守候着 葡萄酒酿造的精髓

我们抵达酒庄时，正值酒庄前面一片树龄50年的赤霞珠产区的采收期。从白葡萄开始，采收期已经进行了3周多。但采收团队毫无疲惫手脚麻利。奥利维尔·伯纳德（Olivier Bernard）说道："我是波尔多著名酒庄中为数不多的住在酒庄里的老板。作为酒庄的一员就要待在这片土地上，这是我的酿酒哲学。"

酒庄的占地面积达100ha，但其中葡萄园只有50ha。"不喜欢酒庄的所有面积都弄成葡萄园的这种单一形态，想保留森林和草地，实践纯林生产模式（Mono culture）。森林中气温低、春季霜冻的风险高，但我们的葡萄园是独立的区域，因此有着不受周围环境的影响的优势。"

栽培过程中除了应对霜霉病而使用生物动力法未认可的药剂之外，均实践这一方法，1966年以后尝试在主要的葡萄园中利用马来耕作。积极地尝试生物动力法也是因为有2002年聘请的顾问斯蒂芬德农古（Stephane Derenoncourt）先生的推动。

赤霞珠与梅洛不同，除了特别炎热的2003年外，决不会让赤霞珠过度成熟。"北纬45°对于喜欢温暖气候的赤霞珠来说是最北边的地方了。根据多年的经验和近年来气候变暖的现象，我们会一直等到赤霞珠完全成熟。推迟采收期的结果，潜在酒精度比20世纪80年代高出了1%。赤霞珠成熟度越高，作为餐酒的性格就越淡化。生理学意义上完全成熟的赤霞珠贡献了成为葡萄酒脊梁的轮廓和长期陈酿的能力，同时能够通过果实来表现风土的品种。"

在认为"沙砾质土壤的王者就是赤霞珠"的酒庄里，也在进行土

奥利维尔·伯纳德
Olivier Bernard
雷米·埃丹热
Rémi Edange

1983年成为生命之水（Eau de Vie）（水果白兰地）业界的第一人，烈酒商伯纳德家族所有，奥利维尔就任庄园主。与副手雷米·埃丹热搭档26年。同为1960年生人。

壤研究，赤霞珠的种植比例在增加。现在80个分区中50个是赤霞珠，同时发酵容器的数量也在增加。新栽和替换掉的葡萄藤有很多，所以平均树龄25年，不算高。树龄不满15年的用来酿造2级和3级葡萄酒。另外，赤霞珠的收获量比果粒大的梅洛低，平均收获量为40hl/hm²。园区内适合赤霞珠的分区呈马赛克状分布，1月决定混酿比例的时候会试饮各个分区的赤霞珠。其差异每次都让人惊讶，但更加优秀的高级赤霞珠葡萄酒，通过混酿可以具备更加出色的资质，这一点也值得深思。

我们试饮了赤霞珠比例为66%的2009年份葡萄酒。带有森林的清爽香气，有烟熏味道，与波亚克相比非常的女性化。打破了赤霞珠为主体的葡萄酒男性化的概念。

新栽植的赤霞珠克隆有169、191、337、412. 砧木选择1010-14、169-49、河岸葡萄。没有实施苗圃育苗法，希望利用克隆和砧木的组合发挥出多样性。

1992年改建的酿造车间里摆放着不锈钢和涂着环氧树脂的铁质发酵罐共30座。选果分3次，分别在葡萄园里、除梗前及除梗后选粒时进行。使用的橡木桶以塔兰索和索里为主，分别使用了15家公司的产品。

混酿比例：正牌酒为CS66%、M28%、PV6%。副牌酒为CS60%、M32%、CF8%。根据树龄和试饮来分级成正牌酒和副牌酒。正牌酒的新桶比例为60%多一点。

骑士庄园正牌干红葡萄酒2009_右
Domaine de Chevalier 2009
骑士庄园副牌干红葡萄酒2009_左
L'Esprit de chevalier 2009

紧致的单宁和森林的味道酿造出的女性感觉

Part.3

从采访地了解到的

加利福尼亚的赤霞珠

在1976年的巴黎盲品会上，赤霞珠已经向世人展示了其实力。从那一刻至采访时已经过去了35年，加利福尼亚的赤霞珠完全成熟的印象已经深入人心。我想借此机会再次探寻三代老字号酒庄和新兴酒庄的现状。

亚历山大谷

索诺马地区最具代表性的赤霞珠产地。丘陵缓冲了寒风的影响，气候比较温暖。土壤呈现出多样性，包括采自冲积层、火山灰的土壤等。

卢瑟福

卢瑟福比奥克维尔稍微暖和些。土壤类型也更多样化。出产带有特有的土壤气息和香辛味的赤霞珠葡萄酒。

奥克维尔

纳帕标志性的赤霞珠的名酿地。山腰处有很多名酿田。出产结构强劲的葡萄酒。

橡木海丘区

受圣巴勃罗湾吹来的冷风和雾气的影响，气候比较寒冷，山腰处却比较温暖，适合种植各种各样的品种。

圣克鲁兹山

最高海拔达到800m，因为离海较近，加上受雾气的影响，气候寒冷。位于板块的断层上，土壤成分多样。

普理查德山

位于巴卡山脉一侧的山腰的产地，⋯⋯ AVA。太平洋过来的冷风和强日照下⋯⋯生了富有张力的葡萄酒。

鹿跃地区

巴卡山脉处堆积着火山灰。一方面圣巴勃罗湾处的冷风直接吹入，另一方面受强日照的影响，培育出了有骨骼的赤霞珠葡萄酒。

北海岸

亚历山大谷

卢瑟福　纳帕

普理查德山

奥克维尔

鹿跃地区

索诺玛

橡木海丘区

圣巴勃罗湾

旧金山

利佛摩

加利福尼亚地图

圣克鲁兹山

圣克鲁兹

这次采访过程中经常会听到有人说"近年来，加利福尼亚的赤霞珠的变化非常大"。实际品尝后，自然的果香味让人印象深刻。完全改变了过去浓郁、饱满的印象，现在感受到的是一种果实的能量从柔软的触感深处奔涌出来的优雅。自然的结构、深度和优雅都有了很大的提升。虽说不同的生产者，表现方法也各种各样，但是不管是哪瓶葡萄酒都纯正地表达了在这个地区培育出来的葡萄的美味。

优雅、浑然天成的味道，其原因是？

主要的原因应该是葡萄的质量上升了。在纳帕从事了30年葡萄酒酿造的鹿跃酒窖（Stag's Leap Wine Cellars）的史蒂文·斯帕达罗托（Steven W.Spadarotto）说道，"地质学、栽培学方面的进步非常快。更为重要的是放在酿酒罐中的葡萄的质量完全不一样了。"

20世纪90年代前半期因为受木虱灾害的影响，纳帕、索诺玛不得不重新栽植，随着当时种植树木

的树龄增长，葡萄的凝缩度也在提高。并且，随着对风土环境的进一步研究，加上对土壤进行更为细致的调查后，逐渐实现了将园区细分化，并且开始在区域范围内砧木、克隆。在酿酒技术竞争激烈的20世纪80年代，酿酒师是关注的焦点，近年来目光都聚集到了葡萄园管理者和栽培专家身上。并且，在全城范围内推行可持续发展农业方法的加利福尼亚，每一处园区的管理都更加健全。随之而来的结果是产地、葡萄园的个性更清晰。

赤霞珠栽培最重要的是保证成熟的统一化。不仅是糖分，多酚也要完全成熟，要等青草味的根源甲氧基吡嗪减少之后再收获。在葡萄的整个生长期间内对每个区域，甚至是对每一棵树都关怀备至，实现葡萄的完全成熟。在采收期间基本不下雨的加利福尼亚，葡萄的收获期很长。以前是按照实验室的数据决定收获日期。近年来会亲自走向田间，品尝确认各个小区域的葡萄是否完全成熟。更有甚者，现今很多酿酒师一直在强调的是严格贯彻做到精挑细选每一颗葡萄。最近购买电脑控制的自动选果机的葡萄酒厂商也越来越多，有了这些，不仅工作效率提升，葡萄酒的品质也上升了。

上图是来自于波尔多的338，寒冷气候下产量也不会降低的克隆。下图为来自于纳帕的NO.6，果粒较为稀疏，容易出现晒伤、产量低、种植难。品种自身的历史不长，克隆数量没有黑皮诺多。

酒窖内葡萄酒风格的形成以及气候变化带来的影响

酿造赤霞珠最为重要的是单宁的管理。"通过对酵母、低温浸渍、萃取、澄清剂的控制，微小的粒子相结合形成细长丝滑的单宁。"前文提到的鹿跃酒庄史蒂文说道。在酿造技术已经成熟的如今，选择的技术不同，表达酿酒师的个性也不一样。哪怕是在采访地，萃取时间、酿造罐、混酿时间、混酿比率等也各不相同。很多生产者都说，"依据常年累积的经验才渐渐形成了如今的风格。"总体来说，如何活用优质的葡萄，在各区域分小批酿造是其基本原则。依据常年的经验和匠人们的细致工作，葡萄园和酿造互相配合，生产者的风格日臻成熟，才诞生了愈发高贵的葡萄酒。

另外，近年来在温室效应的影响下，纳帕、索诺玛反而比以前要凉快（因为酷暑的内陆地区受到了太平洋来的冷空气的影响）。这些气候变化的影响恐怕也是人们对加利福尼亚的印象发生变化的其中一个因素吧。

01 Oakville
奥克维尔

纳帕赤霞珠的杰出代表

贺兰酒庄
HARLAN ESTATE

无与伦比的品质追求下诞生的艺术珍品

贺兰酒庄干红葡萄酒2007
Harlan Napa Valley Red 2007

作为主体的赤霞珠的比率高达80%～90%。构造紧凑、精致，却有着让人察觉不到的包容力，再加上规模感，丝滑的纹理最为出色。同时还有黑茶藨子、欧洲醋栗等森林里的果实和肉桂、杂草的香气。前10年果香味比较突出，之后，逐渐转变成散发着土壤芳香的优雅姿态。

开垦林地建成的葡萄园里，赤霞珠占70%，梅洛占15%，品丽珠占8%，魏天子占2%。

沿着成片葡萄田连绵不绝的热闹的国道29号线向西，拐个弯驶入蜿蜒曲折但又平缓的坡道后，风景一下子变成了静谧的丛林。即使同在奥克维尔也能感受到与平地完全不同的景象，穿越酒庄区域的大门，继续往前开，接近斜坡上整齐排列的葡萄田时，眼前出现了好似和周围风景融合在一起的美丽的石造酒庄大门。位于梅亚卡玛斯山脚东侧的丘陵地带，占地面积100hm²。其中星星点点的葡萄园面积仅有17hm²，只存在于海拔100~150m的排水性好的斜坡上，上午从圣弗朗西斯科湾过来的寒冷雾气扩散开来，温差非常大。酒庄占地广，一直延伸到海拔很高的地方，在不受雾气影响的上方地区却很是炎热。

"我们的葡萄酒就如现在所看到的风景一样。你看，葡萄园周围有森林。口感顺滑和谐，酿好的葡萄酒带有森林中杂草的味道，就好像把小小的包围着中心处的红色、黑色的果实风味包裹在中间一样。"最高经营者唐·维瓦（Don Weaver）说道。葡萄树有创业初期种植的，树龄超过25年的，还有20世纪90年代中期种植的。"当时人们还没有克隆品种的

概念，普遍做法是种植，著名栽培学家大卫·艾伯如（David Abreu）带来了纳帕现有的优良的品种，或者选择从法国带来的葡萄树。幸运的是我们没有选择AXR1，所以几乎没有受到木虱的影响。"

坚持对每棵树的精心呵护，追求果实的单宁酸和香气的完美成熟。控制产量，采用细致分类方法将收获后的葡萄进行人工精心挑选，此方法从20世纪90年代的第一个年份开始一直延续至今。

严格挑选出的葡萄一点也不会浪费，在井然有序的酒窖中，变身为伟大的葡萄酒。开放式的酿酒罐中仅利用天然酵母发酵，踩皮，分区域小批量酿造，有时还会经历长达50天的萃取过程。酿好的葡萄酒充满了葡萄的能量，拥有优雅且没有瑕疵的细腻触感。接下来是更严格的甄选。基本不使用酒榨机，多数都在散装市场销售。经过15个月的法式新木桶陈酿后，大多数优质混酿酒已经酿成，最后能够被挑选成贺兰（HARLAN）的只有区区总生产量的1/2～1/3。

严格甄选出来的葡萄酒就在眼前，轻呷一口，的确有着羽毛般的优质触感和让人丝毫找不到任何缺陷的美味。根本原因是感受到了葡萄酒酿造者的温暖了吧。这时候，大脑中突然蹦出了一个词："工匠"。

唐·维瓦
Don Weaver

最高经营负责人。从1985年开始，和贺兰（HARLAN）的主人一直在致力于生产独一无二的葡萄酒。"我很骄傲我们的团队是一个持之以恒的团队。正因为如此，才会经过了时间的洗礼，还在不断地改良。"最幸福的时刻是和比尔·贺兰（Bill Harlan）、米歇尔·罗兰（Michel Rolland）他们一起品酒、决定混合比例的瞬间。

没有模板，最终的抉择
全凭身为匠人的直觉

40%～70%的优质酒都是采用混酿，从而诞生了最高品质，贺兰（HARLAN）。之后酿制的相当于副牌酒贺兰少女干红（The Maiden）也同样有着如贺兰（HARLAN）妹妹般高贵的风格。

再一次和唐·维瓦一起眺望脚下奥克维尔的这片土地。他说："美国的产地和欧洲的产地在感觉上虽不同，但我坚信这片产地才是适合赤霞珠生长的地方。那里有蒙大菲酒庄的葡萄园和马萨诸塞州的马撒葡萄园。奥克维尔聚集了一大批优秀的赤霞珠的生产者，通过大家的努力，赤霞珠的品质在不断提高。想要了解美国的产地，不是仅仅要了解这里的风土，还必须要了解这里的人。"

正如他所说，如果离开了人类的睿智和热情，再伟大的风土也不可能升华成杰出的葡萄酒。贺兰的葡萄酒正是充满了这种精神。

为了防止酒窖的木质发酵罐滋生细菌，每3年会全部换新一次。葡萄园主要是火山性土壤，土壤的厚度不均匀。仔细调查后发现，斜坡上25个区域分别分布在不同的方向。因为果实的成熟时间不同，所以同一个区域内可能要进行几次收获。整体要花费20天的时间。产量超低，为每英亩1.5～2t（1英亩=0.404686公顷）。

01 Oakville
奥克维尔

山脊酒庄
无须灌溉的孤傲田地

充满个性的
克己的风土

很多酿酒师离开了纳帕和索诺玛，穿过旧金山，来到了圣克鲁斯山。沿着陡峭的山道，登上有着高高山脊的丽山（Monte Bello）山顶。还在木桶中沉睡的丽山（Monte Bello）赤霞珠苏醒的瞬间，其硬质感和清凉感让人们再次领教了加利福尼亚赤霞珠的多面性。是的，这里的葡萄酒和北海岸（North Coast AVA）的赤霞珠是完全不一样的。

"它拥有纳帕、索诺玛都没有的一个最大特征即石灰石。加利福尼亚赤霞珠中拥有着最高海拔的丽山葡萄园，这里是海岸隆起而形成，有着珊瑚虫形成的石灰石。"管理丽山园的酿酒师艾利克·鲍尔（Eric Baugher）介绍说。

太平洋板块和北美板块冲撞后形成的圣安德烈亚斯断层纵断，AVA圣克鲁斯山的土壤其实非常丰富多彩。位于海拔600~800m的丽山园和周围不同之处就是土壤。特有的石灰石积蓄着冬天的雨水，不需要灌溉。而且，30km外就是太平洋，受海边过来的冷风影响，葡萄的糖分不会过高，可以慢慢成熟。顺便提一下，2011年丽山葡萄酒的酒精度数为12.7%，很是让人吃惊。

酿造车间坐落于山的斜坡上，利用重力系统建造的3层结构，虽然狭窄却排列着各式形状的小容量的酿酒罐。非常重视收获后的葡萄不因外力损伤果皮，并且设计成用铲车将酿酒罐搬运到筛选过后的葡萄的旁边。追求萃取优质的单宁，发酵时的低温浸渍即便是丽山葡萄酒也需要花费8~10天。有时也尝试着延长至30天，但据说酿造出来的葡萄酒完全无法下咽。发酵后，陈酿阶段使用的是多年来不断改良的美式橡木桶的新桶。使用的橡木经过在产地严格挑选，并且要花费至少2年时间，每天进行暴晒干燥，研究烘烤的方法，经常观察其状态。与极其少量的法式木桶陈酿的葡萄酒相比，单宁的攻击性非常小，只有坚固风土感的赤霞珠的熟悉感。

"丽山葡萄拥有经得起40~50年陈酿的古典风格，正是因为其不受流行影响，50年始终如一的特有风格，才成就了与纳帕、波尔多不同的山脊酒庄的赤霞珠。"

主流的克隆是来自于圣罗莎（Sanda Rosa）的古典风格的Fountain Grove，1949年种植的古树仍然存在。并且，圣克鲁斯山在120年前就存在，现在也只有那儿才能存在像拉库埃斯塔（LA Cuesta）这样的历史悠久的克隆。

艾利克·鲍尔
Eric Baugher
酿酒师。从1969年开始担任山脊酒庄的知名酿酒师，和保罗·德拉普（Paul Edward Draper）一起在丽山任职的酿造部门副社长。在UC圣克鲁斯学习生化学和微生物学，毕业后进入山脊酒庄工作，现在已经是第19个年头。他认为，"葡萄酒生产不是科学而是艺术。"

为了节约空间而特制的四角形发酵罐。分区域小批量，利用天然酵母进行发酵。每天2次淋皮。

丽山园赤霞珠干红葡萄酒2009_右
Monte Bello Cabernet Sauvignon 2009
山脊酒庄赤霞珠干红葡萄酒2009_左
Estate Cabernet Sauvignon 2009
丽山09的混酿比率为CS72%、M22%、PV6%。初入口感觉发甜，但实际上因为紧致的酸和单宁的存在而拥有钢一样的硬质感。ESTATE 09低温浸渍6~7天，经过19个月的木桶陈酿而成，混合比率为CS77%、M23%。

远处可以眺望硅谷的不需灌溉的葡萄园。平均树龄35年。古树的产量仅有1~1.5t/hm²。零散分布在丽山赤霞珠的22个区域。

石灰石和高海拔带来的令人惊奇的硬质感

夏普利酒庄

杰出风土的恩惠

CHAPPELLET WINERY

纯天然的葡萄带来的
一丝不乱的优雅感

夏普利签名赤霞珠干红葡萄酒2009_右
Signature Cabernet Sauvignon 2009
普利查德山赤霞珠干红葡萄酒2009_左
Pritchard Hill Cabernet Sauvignon 2009
Signature 的混酿比例为CS 76%、MAL11%、M 9%、PV 4%。不锈钢制酿酒罐发酵后，再用法式橡木桶和匈牙利产橡木桶陈酿20个月。选择了最好的区域和橡木桶的普利查德山葡萄酒的混酿比例为CS 75%、PV 15%、MAL 10%，用法式新橡木桶酿造。两者都是在装瓶前混合。近年来比较关注发挥PV的个性。

史蒂夫·坦布雷利
Steve Tamburelli
总经理。"创业初期追求的是效率优先，但现在所有环节都追求认真细致。"今年引进可以自动筛选果粒的法国制造的除梗选果机。

俯瞰轩尼诗湖（Lake Henness）湖面的普利查德山虽然没有取得AVA认证，但是有着伟大的风土，是葡萄酒爱好者羡慕的，汇聚了众多酿酒师的令人瞩目的区域。

经验铸就了山腰处葡萄酒的美

位于海拔300m处的静谧山林中，仿照山顶的形状修建的夏普利酒庄，是一个从1967年创业开始一直到现在都延续着家族经营模式的酒庄。"先去田里看看吧。"在总经理史蒂夫·坦布雷利（Steve Tamburelli）的带领下，我们的车沿着山道向上攀爬，眼前景色顿时开阔起来，出现了一片位于陡峭斜坡上可以俯瞰轩尼诗湖（Lake Henness）的葡萄园。当初在美国以自动售货咖啡机取得巨大成功的多姆·夏普利（Dom Chapellet）一直怀着一个酿造出杰出的赤霞珠葡萄酒的梦想。他和当时的赤霞珠酿造的传奇人物博利厄的安德烈·契里谢夫（Andre Tchelitscheff）商谈时，被告知"想要生产高品质的赤霞珠，那必须在山坡上种植"。据说后来就是因为听闻此言才购买了这块地。

位于巴卡山山脉的西侧山脚下，海拔245～550m的斜坡处的葡萄园，受西侧太平洋直接吹过来的冷空气影响，比在下处的卢瑟福的气温要低10℃以上，收获时期也要晚大约1星期。普利查德山作为石材产地非常有名。表层土壤是一层很薄的火山灰，沙土层的土壤中混合着很多粗糙的石块。因此，葡萄树上有了压力，才结出了小串的积蓄着力量的葡萄。葡萄园长期坚持有机种植，去年所有的葡萄园都取得了证书。在32个区域里种植着符合各自区域风土的砧木和克隆，收获期也各自不同。很多生产者说过"加利福尼亚的赤霞珠最重要的是单宁的管理"，在夏普利酒庄也是一样，为了避免产生不成熟的单宁，会变换田垄的方向，收获期的决定不是仅仅依赖实验室的数据，而是实际品尝葡萄后决定。而且，每年还会进行生理学方面的单宁调查，数值高的年份会相应地缩短酿造时间，特别留意单宁的管理。

如果问到夏普利酒庄的风格，只有一句话："大，勇敢，赤霞珠。"品尝一口顶级普利查德山的葡萄酒，的确从紧凑带有香辛味的酒体中感受到了强烈的果香味，没有压迫感，质地丝滑。印象深刻的是健美的肌肉感，这才是山腰处的葡萄酒的潜力所在。

里弗森家族酒庄

赤霞珠带来的优雅

TREFETHEN FAMILY VINEYARDS

通过小区域、细分化的园区管理，实现成熟的同一性

位于纳帕东南部的奥克维尔地区种植着像赤霞珠、黑皮诺、霞多丽等多个葡萄品种。在这块土地上已经连续经营了3代的里弗森庄园，坚守着自家栽培葡萄园，酒庄拥有位于山谷底和山腰的两处葡萄园，现在种植着10个品种。

拥有顶级赤霞珠葡萄酒的HALO葡萄园位于山腰处的春山（Hill Spring）。虽说从酒庄到这里车程不足5分钟，但是明显感受到火辣辣的阳光直射。一目了然的是这里有很多锐利的小块土地，土壤贫瘠，很适合赤霞珠的生长。周围环绕着树木，蜿蜒的斜坡上没有猫头鹰的巢穴，流动着悠闲、恬静的空气。

酿酒师乔恩·鲁尔（Jon Ruel）说："这里相比主庄园的葡萄园，分成了更小的区域，甚至每个田垄的土壤也不一样。因此根据区域不同，树与树之间的间隔和灌溉方法也不一样。而且还种植着纳帕、法国的克隆等多种赤霞珠的克隆。"原本学习葡萄园科学的他，每天步行于葡萄树间观察。尤其是快要到采收期前，自己品尝葡萄，确认种子有没有成熟。"实验室提供的数字只是给予了一个基准。实际走向田间，哪怕是一串葡萄，上下、里外的葡萄都要试吃一下。实际用牙齿咀嚼葡萄皮，根据嘴里的苦涩感就能了解葡萄的成熟情况。"

乔恩已经是第9个年头迎接收获季节了。"里弗森庄园因为之前推行可持续发展的农业方法，所以生产出了优质的葡萄酒。如果说我来了之后发生了什么变化，也就是通过调查葡萄园的情况，将葡萄园分成一小块一小块的吧。"

里弗森庄园的所有葡萄酒的关键词是"光泽与平衡"，并且奥克维尔地区的赤霞珠的个性是"没有煮干的黑莓和黑葡萄干"，乔恩说道。品尝两处不同葡萄园的葡萄酒，虽然其复杂味和余味不同，但是能感觉到两者都有一种果实熟透的清澈、水灵灵感。

实现精耕细作，打造灵动的水分感和完全成熟的盛宴

哈楼赤霞珠干红葡萄酒 2007_左
Halo 2007
里弗森赤霞珠干红葡萄酒2009_右
Cabernet Sauvignon 2009
顶级酿酒的HALO的混酿比例为CS 92%、PV 4%、MAL 4%，不锈钢罐发酵后再用法式橡木桶陈酿28个月。混酿是在收获次年的3月份进行。散发出掺杂着黑色系果实、蕨、香烟等复杂的香气。细致的优雅的味道。庄园的赤霞珠的果实味、水灵灵的感觉。

乔恩·鲁尔
Jon Ruel
栽培、酿酒总监。2004年开始从事这个行业。"我的一只脚在田里，另一只脚在酒庄里。仅靠品尝桶的酒，我立刻能知道是用的哪个区域的葡萄。"

当果汁透明，果核转为茶色、果核与果肉分离的时候就可以开始收获了。因为采用可持续发展的农业方法，葡萄园里经常出现火鸡、蛇，有时甚至还有山中的狮子。

克里夫雷迪酒庄 CLIFF LEDE VINEYARDS

值得期待的明日之星

柔滑的丝绸感，藏有巨大潜力的精练的瓶身

鹿跃赤霞珠干红葡萄酒2009_右
Stags Leap District
Cabernet Sauvignon 2009
诗歌园赤霞珠干红葡萄酒2008_左
Poetry Cabernet Sauvignon 2008
鹿跃比例为CS90%、
PV6%、MAL2%、M1%、
CF1%。山腰处的田诗歌
园的混合比例为CS77%、
M9%、PV8%、CF5%、
MAL1%。两者都是用天然
酵母进行长期发酵，1～3
个月的长期低温浸渍，法式
橡木桶陈酿，装瓶前不澄
清、不过滤。

杰克·比特纳
Jack Bittner
社长兼总经理。从公司创
建之初一直在为了实现酒
庄主人克里夫·雷迪的梦
想尽心尽责。在加利福尼
亚大学戴维斯分校获得了
MBA，而且也经常严格监
视酿造现场。

利用最新锐的选果机精选
果粒后，还要人工再次挑
选。为了能够愉快地进行
混合作业，将葡萄园的各
个区域用摇滚名曲的曲目
命名。

最大限度地表现风土特性，从不妥协的挑战

聚集了赤霞珠生产者的鹿跃地区的新星，开利庄园。2001年3月，加拿大人克里夫·雷迪（Cliff Lede）购买了这块葡萄园，开始了葡萄酒的生产活动。之后对品质追求方面的举措很大，仅仅10年间，各地所进行的改革就足以令人瞠目结舌。

"改革的契机是2005年购买了山坡处的葡萄园诗歌园（Poetry）。而且聘请到了著名的栽培家大卫·艾伯如（David Aberu）做葡萄园的管理者，也就成了当时将所有的质量都进行提升的一个契机。"杰克·比特纳（Jack Bittner）说道。为了让葡萄园能无一遗漏都接受到不过于强烈的日光的照射，会改变田垄的方向，实施低高度种植和高密度的移植。将砧木、克隆换成适合风土的，而且新种植了大卫的秘密克隆。"当知名顾问们参与进来后，土地会变成适合我们想要生产的葡萄酒的状态，但是我们的哲学是表现风土但不将自己的意识强加到土地中。毕竟我们需要倾听这块土地的心声后再生产葡萄酒。"

试饮了为我们准备的诗歌园赤霞珠2005年份和2010年份的葡萄酒，能感觉到两者都有很大的潜力，但从酒体的稳重和清澈紧凑的构造来看，不用说肯定是2010年份获胜，其灵动的果实的凝炼感尤为突出。"2005年份的少许有点过熟的感觉，橡木桶的风味略显突出。由此可以感知酿酒人的想法。虽然已经严格，但是我必须成为最严格的评判家。"他所描述的鹿跃地区葡萄酒的特征应该是果香味中夹杂着一种特别的乡土气息吧。

2009年酒庄购入世界上优质最新器材建成了完全重力系统。充沛的太阳光投射进来，习习的凉风吹过，令人心情愉悦。据说这样设计的初衷是为了营造一种好似在田间工作的欢乐氛围。一边追求最高品质，从不妥协，一边到处都能感受到的肩上压力不是过大的绝妙的平衡感，这些从葡萄酒的文雅中也能感受到吧。

鹿跃酒窖

追求长期陈酿的酒款

STAG'S LEAP WINE CELLARS

鹿跃酒窖费氏园赤霞珠干红葡萄酒2007_中
Cabernet Sauvignon FAY 2007
鹿跃酒窖赤霞珠干红葡萄酒2009_左
Cabernet Sauvignon S.L.V. 2009
鹿跃酒窖23号桶赤霞珠干红葡萄酒2009_右
Cabernet Sauvignon Cask23 2009
飘散着樱桃甜酒和可可豆等华丽香气的优美的费氏园葡萄酒和拥有黑醋栗及香料，意大利咖啡的香气，能感受强烈的酸和香辛味的肌肉质感的SLV。以FAY 53%、SLV 47%的混合比例生产的质地细腻且宏伟的23号桶。追求CS 100%，用法式橡木桶陈酿，只为表现其个性。

史蒂文·斯帕达罗托
Steven W.Spadarotto
副社长兼总经理。从飞马酒庄（Clos Pegase）起在葡萄酒厂工作了30年，现在也在生产自己的葡萄酒。"和30年前相比，纳帕真的变化很大。"
在巴卡山山脉脚下呈扇形状的FAY园区是淡茶色的冲积土壤。划分成26个区域，总面积66英亩（1英亩=0.404686公顷）。打算待今年收获完成后更新一批葡萄树。

装入3瓶中的风土的个性和多样性

鹿跃地区，赤霞珠的鼻祖

鹿跃酒庄在1976年巴黎盲品会上向世人展示了加利福尼亚赤霞珠的实力。将这款著名的葡萄酒展现给世人的是谁都知道的伟大的老字号酒庄，而且至今追求品质的意愿越发强烈。2007年，美国的酿酒商圣密夕家族（Saint Michelle）和意大利的安东尼（Antinori）成为新的主人，加速推进了葡萄园和酿造设备的升级换代。其代表事例是被称为MISTRAL的法国制的自动选果机的导入。"自从2008年引进该设备后，实现了比人工3次挑选还要更为细致的精选，葡萄酒的品质也提升了。"副社长史蒂文·斯帕达罗托说道。

虽说如此，创业以来的宗旨却一直没变，被继承了下来。鹿跃地区首次种植的赤霞珠是费氏葡萄园。虽然当时认为这块地太过寒冷不适合赤霞珠的种植，但是，1961年，内森·费（Nathan·FAY）发现了其潜力，开始种植葡萄树。一方面从圣巴勃罗湾吹来寒冷的雾气，另一方面岩石裸露吸收着强烈的日照，温差极大。因此这里在生产者眼中是可以培育出完美赤霞珠的最具人气的地方之一。"最近出现了很多度数极高的膜拜酒（Cult Wine），但是那不可以陈酿。正因为这里的环境不会让果实过度成熟，只有糖分以外的成分会完全熟透，才能生产出伟大的葡萄酒。"巴卡山山脉的冲积土壤形成的扇形葡萄园是一块丰富多彩的风土的集合体。描绘葡萄园的地图，按照区域细致地调整克隆、植树率、整枝方法。"费氏园的葡萄酒有着成熟的红色果实和矿物质的感觉以及丰富浓烈的香气。"

另一方面，旁边就是河流的SLV的土壤，富含微生物的黑色火山性土壤。因此才能诞生出散发着黑色果实和香料香气，但同时拥有矿物般紧致酒体的葡萄酒。"我们继承的风格是忠实地表达着属于这块土地的优秀的葡萄酒。我们想要生产的是优雅的、平衡的，可以长期陈酿的葡萄酒。如果可能的话，希望在20～30年后再进行品尝。"

银橡木酒庄
纳帕赤霞珠的泰斗

SILVER OAK CELLARS

以温情细腻的风格表现纳帕和索诺玛

纳帕谷赤霞珠干红葡萄酒2007_左
Napa Valley Cabernet Sauvignon 2007
亚历山大谷赤霞珠干红葡萄酒2008_右
Alexander Valley Sauvignon 2008
少量混合其他品种的纳帕谷赤霞珠的比例为CS90%、M6%、PV3%、CF1%。2/3的自有葡萄园都在苏打峡谷（Soda Canyon）。10天的低温浸渍后再让其在酿酒罐中休眠3个月，混合后，用新木桶陈酿。CS100%的亚历山大谷的新桶率为50%。

维维恩·盖伊_左
Vivien Gay
汤姆·沃而什_右
Tom Walsh
销售经理维维恩和VIP观光项目经理汤姆。酒店名字利用奥克维尔和西尔佛拉多（Silverado Trail）这两个词制造出来的。

2006年酒庄遭遇火灾重建。现在除了酿酒设备，在接待客人方面也进一步完善。在装了音响系统的酒窖中，工人们正听着高分贝的音乐挑选着葡萄。

不会背叛葡萄酒爱好者的传统加利福尼亚风格

银橡木酒庄已经成立40余年。创业以来一直将焦点放在赤霞珠上，旨在酿造柔和且酿成之后可以立即饮用的酒款，如今也没有变化，继续传承着。"我们的葡萄酒的关键词是一贯性。40年间不受流行趋势所影响，一直致力于生产柔和的美式风格，酒精度数在14%以下的、适合配餐的葡萄酒。历史悠久的银橡木酒庄肯定不会让大家失望。"

为了生产出这种风格的葡萄酒，其中之一便是坚持使用美式橡木桶陈酿。酿造日常餐酒前提是要有美式橡木桶，该公司为了确保稳定的最高品质的橡木货源，在密苏里州有300英亩（1英亩=0.404686公顷）的橡木林。"美式橡木桶的香草味让人心情愉悦，单宁酸柔，可以在较早时饮用。"

现在除了纳帕的奥克维尔，在索诺玛的盖瑟维尔也建了酒庄，多处自有葡萄园和签约农家供应的葡萄只用于两种不同风土的赤霞珠的生产。坚持不懈地追求高品质，据说酿好的葡萄酒中只有25%供应给散装市场。正因如此，充分具备长期陈酿的潜力。

对比2002年的纳帕谷和亚历山大谷，和流行酒款相比较，其风土个性更加明显。混合了山腰和谷底的葡萄园里的葡萄的纳帕谷，虽然香甜的橡木香气还很明显，但充满了细致而浓稠的凝缩感，柔和的单宁和香辛味已然存在，给人肌肉发达的印象。另一边，混合了坚硬的黏土层和沙石土壤的亚历山大谷，融合了芳醇的香气和清爽的酸味、香辛味。散发着清澈的，结构严谨的女性气息。正如他们一直强调的"混合、橡木桶、风格的一贯性是银橡木的关键词"那样，两者在表现各自风土的同时，酒体中也渗透着酒庄独特的酿酒传统。正因如此，才能常年俘获葡萄酒爱好者们的心。

赫兹酒窖
对100%赤霞珠葡萄酒的执着追求

HEITZ WINE CELLARS

正是有了风格的继承，才显出进化的重要性

如果谈到对传统加利福尼亚的赤霞珠风格的继承，赫兹酒窖是不可缺少的权威存在。现任社长凯瑟琳的父母出身于美国中西部。当过空军的父亲曾经在葡萄酒庄打工，之后在UC DAVIS取得了酿造学硕士学位后，1961年从8英亩（1英亩=0.404686公顷）的葡萄园开始了创业。从创业伊始到现在已经过去了50多年，其间一直在继承着父辈的热情，继续着葡萄酒的生产。

一贯的风格是平衡性强，经得起长期陈酿的pH低的葡萄酒。并且一直在执着追求的是不混酿、100%的赤霞珠。这是热衷法国葡萄酒的父亲做出的决定，相比波尔多，赤霞珠更容易成熟的这块地上，不是模仿法国，而是想挑战只属于这块土地的100%赤霞珠的葡萄酒的生产。"比起父母那个时代，科技的进步是非常迅速的，不管葡萄园还是酒庄，都在发生变化，但对于风格的继承是很重要的，正是因为恪守这些，顾客才会源源不断。遗憾的是，因为坚守优质和风格很难，所以父亲那个时代的酒庄几乎都已经消失了。"

现在在卢瑟福、霍伟尔山、奥克维尔、圣赫勒拿岛周边共计拥有400英亩的葡萄园。排名第一的是奥克维尔的名酿田玛莎葡萄园位于西侧山脚下的扇形平缓斜坡上，土壤为沉积岩。1992年逐渐开始推进葡萄树更新换代，种植的是果穗长而浓稠、果粒稀疏的加利福尼亚的古老克隆，之后也取得了有机种植的认证。对细致的土壤调查数据进一步分析，栽培方法细化到每个田垄。仅在伟大年份才会粘贴特别标签的2007年，单宁和酸紧紧相连，如天鹅绒般的细腻的触感，由内而外涌现出一股强劲的力量。虽然强劲，但优雅的余味悠然地延续着。正是因为有着传统作基石和自负的性格，才能柔软地对应时代的变化，坚定不移地向着更高一层努力。通过采访我们再一次见识到了老字号酒庄的实力。

名酿田的潜力所传达出的力量和深度

赫兹酒窖纳帕赤霞珠干红葡萄酒2007_右
Napa Valley Cabernet Sauvignon 2007
赫兹酒窖小道边园赤霞珠干红葡萄酒2007_中
Trailside Vineyard Cabernet Sauvignon 2007
赫兹酒窖玛莎园赤霞珠干红葡萄酒2007_左
Martha's Vineyard Cabernet Sauvignon 2007
纳帕谷赤霞珠采用了多个葡萄园里的葡萄。按照区域酿造，在收获2年后的春天进行混合。卢瑟福的小道边园是一块占地100英亩的大葡萄园，分区块收获，收获期达三周半。有力量的、有香草味的像丝绸般的触感。2007年已经是玛莎建园以来的第4枚特别标签。

大卫T.赫兹_左
David T.Heitz
凯思林·赫兹·迈尔斯_右
Kathaleen Heitz Myers
社长兼CEO的凯瑟琳和副社长兼酿酒师的大卫。虽然酿造出了世界知名的伟大的葡萄酒，但我们依然能感受到温暖的人格魅力。

用屋外的不锈钢罐发酵7～10天后再压榨，坚持用美式大橡木桶陈酿1年也是该公司一贯的做法。之后，再用法式小橡木桶继续陈酿两年半。

赫尔酒庄

新兴酒庄的飞跃发展

HALL WINES

能够切实感受到太阳的恩惠，天然且丰润的美味

纳帕葡萄酒的本质是什么？

赫尔酒庄在纳帕占据最大的土地，面积高达3.3万英亩（1英亩=0.404686公顷），拥有7个产区共计500英亩的葡萄园。曾任澳大利亚大使的霍尔夫妇于2002年购买并创建了这个葡萄酒庄。9月中旬前去拜访时，大量的葡萄被运往酿造车间，正是选果最繁忙的时候。

"这个最新的机器，可以拍摄除梗后所有的葡萄粒的状态，然后与事先输入电脑中的数据比对，自动将坏葡萄弹出。今年的气候很好，所以坏果粒比较少，但是气候严酷的时候，这个机器会帮上很大的忙。"麦克·雷诺德说道。

年产量9万箱，如此大规模的酒庄到处都设置了可以小批量酿造的酿酒罐，随处可见小葡萄酒作坊在进行酿酒作业。自从葡萄园实施有机栽培，酿造现场仅用天然酵母发酵，推进清澈、无须过滤的天然葡萄酒的生产。考虑到环境方面，也已经早早地取得清洁酒庄的认证。并且，尽管还是新兴的生产者，但是为了保证品质的稳定，一直非常重视葡萄园的契约。"近几年来由于市场不景气的影响，陆续出现了不再与葡萄园续约的酒庄，我们才能够以山腰处为中心，新签了26个优质葡萄园。"

赫尔酒庄赤霞珠的风格是中调有柔软感和丝滑感，既有复杂性，饮用起来又很舒适的葡萄酒。试着品尝两款葡萄酒，两者都散发着樱桃甜酒、可可豆和香料的香气，给人华丽有厚度、黏稠触感的印象。能感受到内部的细腻紧致的单宁，但成熟的果香味并不让人厌烦，反而入口大方，这很符合利福尼亚的空气的感觉。

"赫尔酒庄的葡萄酒是宏大的葡萄酒。但是，我们无须对此感到惭愧。当然也有人想把纳帕的葡萄酒向欧洲风格靠拢，努力使其变得优雅。其实完全没有必要对宏大风格的葡萄酒感到不好意思。"

品尝着葡萄酒时，想到麦克之前说过，正是因为纳帕生产葡萄酒的经验丰富，所以才会充满了自负。确实是那样，我很赞成他的说法。

赫尔酒庄赤霞珠干红葡萄酒2009_左
Napa Valley Cabernet Sauvignon 2009
赫尔酒庄凯瑟琳·霍尔赤霞珠干红葡萄酒2009_右
Kathryn Hall Cabernet Sauvignon 2009
采用山腰和谷底的多个葡萄园培育出来的葡萄混合酿造出的纳帕谷的比例为CS84％、M9％、PV5％、Sy1％、Mal 1％。以酒庄主夫人名字冠名的旗舰品牌凯瑟琳的混合比例为CS80％、M15％、PV4％、Mal 1％，大多数采用了卢瑟福山腰处的葡萄。均采用法式橡木桶陈酿。

麦克·雷诺德_上
Mike Reynolds
史蒂文·勒维克_下
Steven Leveque
从2002年创业时期开始一直担任社长职务，麦克在加利福尼亚大学戴维斯分校学习酿造，以酿酒师的身份活跃在各地，同时又取得了MBA。照片右下角是酿酒师史蒂文。

葡萄生长期内气候完美的2012年是个伟大的年份，不管是质还是量方面都很达标，这在近年来很鲜见。利用最新的选果机挑选，只有完美的果粒才会被送去酿酒。

兰卡斯特庄园
对种植园的执着追求

LANCASTER ESTATE WINERY

兰卡斯特-庄园赤霞珠干红葡萄酒2008（亚历山大谷）
Lancaster Estate Winery Cabernet Sauvignon 2008
低温浸渍后，边进行温度管理边仅用天然酵母发酵，低温浸渍的时长随着年份变化而变化。各批量选择6~7个公司的烘烤程度不同的法式橡木桶，陈酿24个月。比例为CS 92%，MAI 4%，M 2%，CF 1%，PV 1%。今年开始导入了电脑控制的除梗选果机。

克里斯·维尼尔
Chris Vyenielo
总经理。酒庄的主人泰德·辛普金斯（Ted Simpkins）在圣地亚哥经商后，为了实现多年的梦想，创建了兰卡斯特庄园。

和纳帕相比，亚历山大谷的春天来得早些，发芽也早，生长期内气温较凉爽，所以采收期也比纳帕要长。

细腻的单宁构成的，优雅酒体

亚历山大谷的风土的信奉者

索诺玛的亚历山大谷是世人皆知的，可以和纳帕谷相提并论的高品质赤霞珠产地。泰德·辛普金斯收购了原有的葡萄酒厂后，经历了10年的岁月完成了葡萄园的更新换代。为了追求成熟的同一性，将田垄的方向统一调整为东西方向等，随处可见改良过的田地。信步走在位于绵延起伏的山坡上的葡萄园里，白的土壤也慢慢变成了红色。

"我想好好珍惜这片拥有独一无二的独特风土和多样性的土地。白色的土壤是由火山的石灰固化而成的，富含石英，在这里培育出的葡萄，矿物质丰富，有着黑色果实的风味。另一方面，红色的土壤富含铁的成分，可以培育出带有红色系果实风味的葡萄。"克里斯·维尼尔说道。32英亩的赤霞珠田地是在进行了详尽的土壤调查后，根据土壤的类型和倾斜度分割成28个区域，并且选择砧木和克隆时也充分考虑了与土壤的适应性。并且，在葡萄园中设置了3处气象监测站，

不仅可以监测大气中的温度和湿度，而且可以测量葡萄树的含水量等数值，分析一整年的气候状况和葡萄树的状态。

"开始对葡萄园无微不至地关心是2009年迎来了栽培顾问菲尔·弗里兹（Phil Freese）之后。在此之前都是以同一标准对待所有的葡萄园，现在连加压的时机也存在着细微的差别。"

试着品尝一下葡萄酒，既有细腻有深度的湿润的触感，同时又有着让人心情愉悦的酸和干燥清爽的单宁，与纳帕的赤霞珠有着明显区别。与有着男性风味的、好似巧克力般的黏稠的纳帕赤霞珠相比较，亚历山大谷的特征则比较女性化，拥有可可般的单宁。兰卡斯特的理念是"风土的信奉者"。2010年从啸鹰山庄（Screaming Eage）脱颖而出的27岁年轻酿酒师杰西·凯茨（Jesse Katz）就任酿酒负责人，继续生产着能够让人感受到有纯正火山灰的山地风土多样性的葡萄酒的热情。

Part.4

从产地看

日本的赤霞珠

日本赤霞珠的历史虽然比不上梅洛，让人意外的是其历史也很长。种植面积受葡萄酒热的影响，20世纪90年代一度增加。近年来增势渐缓。

现在想要探寻日本各地种植的赤霞珠的起源很难。有记载说是在明治初期，即日本葡萄酒生产的摇篮期时引进了法国的苗木，很可能当中也有赤霞珠。但是，人们普遍认为现在种植的品种是20世纪80年代以后，由各公司引进的没有病毒的穗木由来的。

日本种植业的先驱者，山梨县的酒庄（SADOYA）佐渡屋。该公司在1935—1937年从法国的蒙彼利埃大学和种苗公司引进了包括生食品种在内的约80种穗木。栽培研究的结果，保留下来的只有赤霞珠、梅洛、赛美蓉等10种。佐渡屋选用了赤霞珠种在自己葡萄园中，生产葡萄酒至今。很有可能赤霞珠是从这里流传到了其他一些葡萄酒厂。

并且，三得利在1955年、1956年，出于支持本地葡萄酒产业的目的，设立了山梨葡萄专修学校和寿屋葡萄研究所。当时，从包括UC戴维斯学校在内的国内外研究机构等，收集了欧洲系的品种。其中也包含了赤霞珠。1968年，万滋葡萄酒（MANNS WINES）在山梨的万寿栽培园开始了以赤霞珠为主的5个品种的栽培实验，所采用的树苗就是来自于山梨葡萄专修学校。20世纪70年代，竹田酒庄开始在山形县种植，1981年、1982年Mercian、神户葡萄酒相继开始引进穗木，开始采用篱笆式整枝法。

从种植面积来看是长野县第一名，一直保持着增加趋势。20世纪90年代红葡萄酒风靡时，种植面积急速扩张，甚至山梨县的种植面积也一度增加。笔者认为山形，其次是长野是最适合赤霞珠生长的地方。整枝方法同时采用大棚种植和篱笆种植两种方式。除了大企业，其他小酿酒厂现在还没有克隆意识。

日本主要的葡萄厂商

竹田酒庄、酒井酒庄、高畠酒庄、Cave d'Occi 酒庄、SAYS FARM、小布施酒庄、TAKAYASHIRO FARM & Winery、井筒葡萄酒、Kido 酒庄、Chateau Mercian、三得利登美丘酒庄、札幌葡萄酒、lumiere 酒庄、GRACE葡萄酒、丸藤葡萄酒业、五味葡萄酒、仲村葡萄酒工房、神户葡萄酒、北条葡萄酒、奥出云葡萄园、熊本葡萄酒等。

01 Nagano
长野 东山

证实长野的潜力

万滋葡萄酒
MANNS WINES

拥有高品位单宁的坚毅风格

信州东山赤霞珠干红葡萄酒2009　　**信州赤霞珠干红葡萄酒2008**
Shinshu Higashiyama Cabernet Sauvignon 2009　　Shinshu Higashiyama Cabernet Sauvignon 2008

索拉里斯系列的红葡萄酒的旗舰品牌。花朵、香料、时间放久后弥漫出的黑醋栗的香气。平滑细腻紧致的质感，质地细腻融合的单宁。有结构、耿直、坚毅。右侧的信州赤霞珠使用的是1992、1993年种植的盐平田的合约田出产的葡萄。

　　"在生产红葡萄酒时采用的品种中，赤霞珠排名世界第一，全世界都在种植。因此成为辨别产地、生产者资质的一个标杆。用万滋葡萄酒赤霞珠生产出高品质的葡萄酒，无论作为产地也好，生产商也好，必须得到全世界的认可。"万滋葡萄酒酿酒负责人岛崎大在谈到赤霞珠时说道。

　　其实万滋葡萄酒接触赤霞珠的历史很长，可以追溯到1968年。以山梨县甲府盆地北侧的万力山上开拓的1.2hm²万寿农场为实验场地，开始了赤霞珠和其他欧洲系品种的大棚种植。作为只采用单一品种赤霞珠的葡萄酒，虽然发布了"万寿农场赤霞珠"的1984年份酒，但葡萄园却在1987年关闭，迁移到更为合适的长野。当时万滋葡萄酒在小诸设立了葡萄酒厂，后来又找到了比小诸气候稍稍温暖的盐田平一带，在那里找到了开拓葡萄园的地方。

　　"因为赤霞珠相对比较晚熟，所以不太适合种植在比较寒冷的地方。小诸地区太过于寒冷了。另一方面，之前也有过类似的问题，甲府盆地的平地太热，不好着色。"岛崎说道。实际上，我们采访当天，从上田开车到小诸，气温下降了2℃左右。"适合赤霞珠生长的范围比梅洛要小。"

1992年、1993年在小诸西边上田市的盐田平地区，另外，1998年、1999年在东边的东山与各个农家签约，开始种植赤霞珠。东山的葡萄园海拔位于500m的平缓的东南斜坡上。南面空开，可以眺望盐平田。该葡萄酒厂的招牌"索拉里斯东山赤霞珠"使用的就是这里的葡萄。

当初种植方法是将水果区域分成两列的篱笆式整枝法，现在改成了一列的整枝法、垂直斜槽定位法。不管哪个都是采用聚烯烃塑料将整个篱笆覆盖住的防雨方法。苗木是利用最初筛选的克隆培育之后发放给农家。

"虽然使用了170、213、191、337的克隆，但是其实克隆品种之间的差别很小，反而是砧木的影响会比较大。"

已经开拓成葡萄园的东山一带，因为土壤不是农地而是松林，所以没有施太多的肥料。

"土壤非常贫瘠，虽说很容易控制树的长势，但是刚种植时，葡萄树会非常柔弱，需要进行翻土、施肥。"

葡萄园的扩大和改良也在一步一步进行着。2008年、2009年在1998年、1999年开拓的葡萄园的周围一点一点扩大区域，如今赤霞珠的种植面积也接近3hm²。如今也开始接收老龄化农家的葡萄园，由自己公司来管理。另外，在东山地区进行新品种种植时，也会重新规划树之间的距离、田垄之间的距离，逐步缩小了间距。一些区域甚至在挑战与波尔多平齐的6700棵/hm²的高密植品种。去年首次购入了那种葡萄，也感受到了其手感。

（上）首次种植的区域是97hm²，树龄已接近20年。原则上是修剪边侧的长树枝。垄间距1.5~2m。这片区域现在由万滋葡萄酒管理。
（下）2008年高密度种植的区域有50hm²。（右上）小诸葡萄酒厂有可以酿造0.6~2.5t的小型酒罐。

"东山赤霞珠首次酿造是在1996年。岛崎究竟想酿造什么样的葡萄酒呢？"

他在酿造赤霞珠葡萄酒时，想要打造的形象是"精神上非常坚强的女性化的、梅多克最好的葡萄酒"。但是，不能直接去模仿其味道。追求的是"质地细致，甚至能感受到甜味的高品质单宁，拥有刚好成熟但也不是熟透的这种品种的最佳风味的葡萄酒"。岛崎认为特别是"高品质的单宁"是不可缺少的要素，也是赤霞珠的精髓。

以生产这样风格的葡萄酒为目标，酿造方面也在持续改良。现在酒窖中排放着容量2t左右的小酿酒罐，所有区域都分开酿造。2012年还购进了带振动的传送带。用来酿酒的葡萄的自身品质也提高了。

通过与梅洛混酿，生产波尔多类型的葡萄酒，岛崎旨在进一步提高赤霞珠的品质。2001年创立索拉里斯时，波尔多类型葡萄酒的呼声非常高。恰好当时，东山的赤霞珠和小诸的梅洛的品质非常好，所以那时也就试着生产了。现在只有在好的年份才会生产manifica。拉丁语中是"庄严""壮丽"的意思，manifica是索拉里斯葡萄酒巅峰之作。

"混酿主体是赤霞珠，最少比例要达到7成才能保持其味道的平衡性。"岛崎说道。东山一带也开始了梅洛的种植。将相同风土条件下的两种品种混酿而成的"东山manifica"的诞生指日可待。

岛崎大
Dai Shimazaki

万滋葡萄酒、索拉里斯酿酒负责人。1983年进入万滋葡萄酒。在波尔多大学取得法国国家认定的酿造士的资格。在该大学的酿造学研究所以第一名成绩取得品酒师资格。2001年创立万滋葡萄酒的礼品系列，索拉里斯，一直延续到现在。

（上）从东山的葡萄园斜坡的半山腰处俯瞰盐田平。（下左）2012年开始了旋转式橡木桶发酵实验（500L）。（下右）1975年成立的小诸葡萄酒厂。

日本
Nagano Higashiyama
长野 东山

日积月累的优雅感，人人称道的优雅风味

2005年开始每天都坚持写栽培酿酒日记，自从使用了有机栽培日历后，就一直将葡萄园、仓库的工作和一般的工作分别区分开记录。在规划作业的步骤时，日记的记录会起到作用。

岸平典子
Noriko Kishidaira

竹田葡萄酒的第五代继承人。日本唯一的女性栽培酿酒负责人兼董事长。1990年去法国留学。在法国国立马贡·达瓦耶（Macon Davaye）酿造学校修完高级技师课程。曾在法国国立味觉研究所研修。1994年回国。酿酒负责人。2000年任职董事会专务兼栽培酿酒师。2005年起任现职。

竹田葡萄酒在20世纪70年代前半期开始在自家农园中种植赤霞珠。恐怕称其为日本赤霞珠的篱笆种植法的先驱者也不为过。

"因当时祖辈们都认为如果生产葡萄酒，赤霞珠是最好的，所以才开始了赤霞珠的种植。种植历史已经有30多年，现在品种的个性已经很明确。"该葡萄酒厂的种植酿酒负责人兼董事长的岸平典子说道。

葡萄园位于山形县上山市、山形盆地南端的扇形区域。因为地处盆地边缘，所以通风较好。气候是典型的大陆性气候。加上10—11月的气候很稳定，相对来说晴天比较多，所以从发芽到收获的生长期较长。收获期有时会拖到11月初。这对于晚熟的赤霞珠来说真是不可多得的气候条件。

自家葡萄园中的多个区域里种植着赤霞珠，面积共计3hm²。尽管有些树的树龄已经接近30年，但是树干却出乎意料地细。因为进行了土壤改良和树龄增长，所以树势稳定，树型也很紧凑。当初认为不可能的高密度种植现在也变得可能了。现在垄间距为2m，树间距为1~1.5m，种植密度为平均

02 Yamagata
山形 上山

继续认真对待山形葡萄的态度

竹田葡萄酒
TAKEDA WINERY

4500株/hm²。并且随处可见无微不至的管理。例如，完全不实施摘叶作业，而是除去重叠的老叶子，哪怕是挂在副梢的嫩叶也会保留。

岸平认为赤霞珠葡萄酒最重要的是"果香浓郁和单宁紧实"。理想的单宁不是粗糙的、收敛性的，而是饱满、细腻、黏稠的。因此，酿造时不要进行过多的踩皮，而且根据发酵的程度，微调踩皮的次数和强度。并且，选取相对较少的量利用踩皮方式来酿造，就可以实现在低温且低酒精度数的状态下进行萃取，也可以激发出新鲜的果香味和细腻的单宁。另外还可以避免过度萃取。

岸平不会单独将赤霞珠装瓶。仅在好的年份，将其和梅洛混合后，酿造"SHADOW TAKEDA"。
"赤霞珠有着丰富的黑色、红色果实的香气和可以支撑单宁的骨骼，梅洛有着华丽感。混酿并不意味着互补两者的弱点，而是想调动两者的优点，期待乘法中的相乘效果。"

活用高龄树丰富的果香味和黏稠的单宁

竹田赤霞珠干红葡萄酒2008（右）
Chateau Takeda 2008
竹田特别混酿胭脂葡萄酒2010（左）
Domaine Takeda Assemblage
Special Rouge 2010
2008年份，比例是赤霞珠70%、梅洛30%（预定2013年秋季上市）。其风格是甘甜的果香味、复杂风味慢慢扩散。特别混酿版的调配比例是贝利A麝香60%、赤霞珠20%、黑后葡萄20%。

（上）条件最好的区域位于陡峭的南面斜坡上。每年都会进行土壤调查，根据需要补充微量元素。
（右）不进行放血法、蒸发法等果汁的凝缩作业。"这样那样地摆弄仓库中的果汁的成分，好像有种自己放弃葡萄园里的作业的感觉。"岸平说道。

117

第3章

全球27位生产者作证
白葡萄品种之王
——霞多丽

据说白葡萄品种霞多丽在中世纪时，诞生于勃艮第的一个叫作霞多丽的小村子，由修道士从小小的村落带出了勃艮第，传到了法国各地。各地留下的别名便是这段历史的产物。黑皮诺和白高维斯的10种以上的子品种中，适应力格外强的霞多丽，不仅在法国，在欧洲甚至是新大陆也不断地在扩大其版图。恐怕可以称为世界上种植国家最广的葡萄了吧。葡萄虽说可以反映出一个地方的风土，实际上由于生产者不同，也会呈现出各种各样的姿态。本次特集将会倾听世界顶级葡萄生产者的心声，追寻最新的霞多丽的姿态。

© Guy Marche / SEBUN PHOTO / amanaimages

Part.1

霞多丽的

基础知识

在涉足各国的栽培情况之前，先来了解下霞多丽的相关知识，包括品种特征、起源、家系图、世界分布，还有克隆等。然后，根据各国从事霞多丽的生产者的讲述了解最近霞多丽的栽培和酿造方法的倾向，进而了解葡萄酒的风格。

1 认识葡萄

成熟后，果皮变得通透，有了透明感，散发出光辉。让我们在探寻霞多丽的起源中，一起来了解葡萄的起源和种植面积的扩张。各国有记载的各种各样的克隆也是必须要了解的。

作为多款非常著名的、伟大的白葡萄酒的原料，霞多丽葡萄的起源虽然还没有定论，但多数人认为起源于法国勃艮第地区的霞多丽村。霞多丽这个单词的词源"Cardonnacum"在拉丁语中是"蓟草丛生的地方"的意思。据记载14世纪传到了汝拉地区，因此中世纪时已经出现（后面会有介绍，可以判断霞多丽的父亲黑皮诺也出现在14世纪）。顺便提一下，波尔多系的梅洛和赤霞珠的出现是在其很久之后的事了。

黑皮诺　　　白高维斯

其他的兄弟
欧塞瓦佳美

梅洛（密斯卡岱）、罗莫朗坦等

阿利歌特

霞多丽

黑皮诺和白高维斯的子品种有16种。例如父亲是黑皮诺（花粉亲体）的有霞多丽、阿利歌特、欧塞瓦、北塞、白皮诺、佳美、密斯卡岱、罗莫朗坦、莎西，母亲是黑皮诺（胚珠亲体）的有欧宾维特、卡尼珀、鲁博乐。

霞多丽的家系图

首先需要了解的
是其起源

霞多丽被天主教的修道士传播到了贝桑松（Besançon）、阿尔布瓦（Arbois）、约讷（Yonne）等法国各地。而且有记载说在文艺复兴时期就已经被传播到了意大利。

但是，另一方面，这个品种一直到20世纪，还会被误认为是其他品种。罗杰·迪翁（Roger Dion）的《法国文化史全书》中也提到"被称为霞多丽的白皮诺"，特别是经常和白皮诺相混淆。除了原产国法国之外，加利福尼亚、智利、南非也经常种植密斯卡岱、白皮诺、长相思、欧塞瓦。

霞多丽从葡萄分类学看，和皮诺家族不一样（白皮诺是黑皮诺的变枝），虽说如此，但是也不能说霞多丽和黑皮诺没有关联。

1999年，加利福尼亚大学和法国国立高等农学校研究所的共同研究小组以DNA分析法证明了霞多丽是黑皮诺和白高维斯的自然杂交品种。

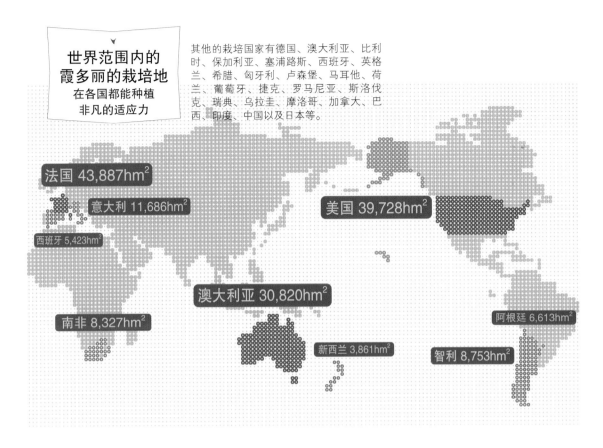

世界范围内的
霞多丽的栽培地
在各国都能种植
非凡的适应力

其他的栽培国家有德国、澳大利亚、比利时、保加利亚、塞浦路斯、西班牙、英格兰、希腊、匈牙利、卢森堡、马耳他、荷兰、葡萄牙、捷克、罗马尼亚、斯洛伐克、瑞典、乌拉圭、摩洛哥、加拿大、巴西、印度、中国以及日本等。

法国 43,887hm²
意大利 11,686hm²
西班牙 5,423hm²
美国 39,728hm²
澳大利亚 30,820hm²
南非 8,327hm²
阿根廷 6,613hm²
新西兰 3,861hm²
智利 8,753hm²

追溯霞多丽的起源和历史

白高维斯岂止是没名气，甚至是法国禁止种植的品种。也有说它的起源可以追溯到3世纪，在中世纪时普遍种植。但是，据说该品种当时受尽了虐待，栽培的地方不仅不适合黑皮诺，甚至其他品种也无法生长。但是，这两个既相似又不相似的品种却衍生出了很多子品种。现在已经知道的有阿利歌特、欧塞瓦、黑佳美、密斯卡岱、罗莫朗坦等16个品种。现在已经确定霞多丽的父亲是黑皮诺，母亲是白高维斯。

不愧拥有黑皮诺的血统，两者并不是没有相似点。在发芽期各不相同的品种中，霞多丽的发芽期非常早，因此容易受到晚霜的冻害。果皮薄，这也可以说是一个共同点吧。虽说会受克隆、土壤的肥沃状态的影响，但是它的果穗本来就偏小。而且，容易出现结实性不良的情况。

别名一览

Aubaine
Auvernat欧维纳
Auxerrois欧塞瓦
Beaunois布诺瓦
Chaudenay
Clevner克莱维内
Epinnet
Gamay Blanc白佳美
Luisant
Melon à Queue Rouge红尾瓜
Melon d'Arbois阿布娃
Petit Sainte-Marie
Pinot Blanc Chardonnay
Wais Edler

但是，与适合的产地很少的黑皮诺相比，霞多丽的特征便是"适应力"强。虽说气候凉爽、石灰岩质的土壤最适合霞多丽的生长，但是即使是在霞多丽的老家，勃艮第的拉芳酒庄（Dominique Lafon），也说是"轻而易举地适应各种各样的土壤和气候"，澳大利亚的候德乐溪酒庄（Franco Dana）和意大利的拉格德庄（Alois Lageder）也断言"只有霞多丽是最具适应能力的品种"。虽然在抵御白粉病方面有点弱，但是基本上还是具有抗病性的，即使增加收成，也会有出色的表现。

虽说如此，就伟大的葡萄酒的风味而言，拉芳（Lafon）曾说过："霞多丽品种自身的风格中立，所以是很适合表达风土的品种。这一点非常吸引生产者。"种植面积扩大到全世界，而且现在种植面积仍在不断增加，也印证了这一点吧。

至今仍不断在全世界扩大的霞多丽版图

虽然无法统计出确切的数字，目前全世界霞多丽的种植总面积已达到约18万hm^2，在白葡萄酒用品种中位居第二。基本上在从事葡萄酒田地里均有种植。马耳他、塞浦路斯这些小国家也出产霞多丽葡萄酒，法国、美国、澳大利亚，这三个国家霞多丽的种植面积总和占到了全世界的3/4。

但是，在霞多丽的圣地勃艮第，在遭受根瘤蚜病灾害之前，有的地方种植的不是霞多丽，而是阿利歌特。实际上霞多丽的种植面积扩大到如此之广是在20世纪80年代以后。仅从法国来看，从1958年一直到2008年的50年间，霞多丽的种植面积竟然翻了5倍之多。加利福尼亚和澳大利亚稍微晚些，在20世纪90年代后，霞多丽的种植面积才急速扩张。顺便提一下，20世纪60年代加利福尼亚的霞多丽种植面积才只不过50hm^2。

虽然比不上黑皮诺，但是霞多丽的克隆品种也比较多。不管在法国还是在加利福尼亚，当初都是为了培育出不受病毒侵害的葡萄，才开始了克隆的选拔。在法国，ENTAV（葡萄栽培技术普及中心）从20世纪70年代起开始了克隆的选拔，到现在已经进行到了1100号，认定了30种霞多丽的克隆品种。

美国当初开始克隆的选拔，是为了确保稳定的收成。但是，后期目的转变为获得高品质的克隆。并且，其间不仅是加利福尼亚，从法国、意大利等拿过来的克隆也渐渐开始被认证，现在在加利福尼亚大学的戴维斯分校附属的基础设备服务机构FPS处登记了大约100种克隆。如果说是理所当然，也的确是理所当然，法国好像还没有引进美国和澳大利亚的克隆。

专栏 **多次进行精密的克隆研究的酒庄**

位于加利福尼亚索诺马的白垩山酒庄（Chalk Hill Estate）也向加利福尼亚大学戴维斯分校提供克隆，在克隆试验中是公认的权威酒庄。为了选拔适合自家园中的克隆，1989年开始了12种美国系克隆的栽培试验。进而1996年后，持续开始了包括法国系克隆在内的，共17种克隆的精密试验。"克隆都是戴维斯分校附属的FPS认定的无病毒的。和苗圃育苗法不同，如果使用克隆的苗木的话，其稳定的结果是可以预测的。"该酒庄的栽培负责人马克·凌根菲尔达说道。

"在17种克隆中，有些克隆产量是其他克隆的2倍。而且，各个克隆的香气区别很大，因此也是克隆选择时重要的考量点。有时候宁可选择可能出现结实不良的克隆。因为这种克隆，其风味会更丰富，通气性好，也不容易得灰霉病。各种克隆的搭配会带来复杂的味道和平衡感。例如即使是最好的风土，如果选错克隆的话，也不会生产出最好的葡萄酒。"

马克·凌根菲尔达（Mark Lingenfelder）副社长。1980年入社，担任酿酒师，之后主要负责葡萄的栽培。对克隆研究做出了很大贡献。白垩山原厂装瓶霞多丽干白葡萄酒（Chalk Hill winery Estate Bottled），采用加利福尼亚、法国、意大利等21种克隆酿制而成。

霞多丽的克隆品种

创造出不同风味葡萄酒的克隆的特征

一目了然！不同克隆品种的对比

下面列出的是霞多丽的克隆。因为采用同样的比例展示，所以不仅形状，大小的差异也一目了然。克隆筛选不仅法国、美国、意大利、澳大利亚，德国也在实施。其中也有像门多萨（MENDOZA）克隆一样来历不明的克隆，但是基本上都是知道出处的克隆。而且，即使是同一个克隆，在各个国家的名称也不一样。在澳大利亚，UCD4被称为110V1，ENTAV克隆被称为Bernardaud克隆。在FPS登记的克隆都在"FPS"后面加上登记号，但是在美国以外的国家，均将FPS替换成UCD来称呼。

① FPS4
威迪（WENTE）克隆系

苗圃育苗法。在澳大利亚称为110V1。

② FPS6
威迪（WENTE）克隆系

苗圃育苗法。早期选拔品种。产量较高。

③ FPS14
威迪（WENTE）克隆系

苗圃育苗法。早期选拔品种。产量较高。

④ FPS15
华盛顿（Washington）克隆系

产量低。优雅。平衡。

⑤ FPS16
澳大利亚系

从葡萄分类学看，和传统的霞多丽很相近。

⑥ FPS17
罗伯特·杨（Robert Young）克隆

产量一般。适度的丰满。很好的平衡性和酸度。

⑦ FPS18
意大利系

LAUXEED8。在意大利用来生产气泡酒。

⑧ FPS20
意大利系

科内利亚诺（Conegliano）克隆6。果粒大。产量一般。

⑨ FPS21
意大利系

科内利亚诺（Conegliano）克隆7。

⑩ FPS22
意大利系

科内利亚诺（Conegliano）克隆10。产量低。挂果早。

⑪ FPS23
意大利系

科内利亚诺（Conegliano）克隆11。果穗略稀疏，产量低。

⑫ ENTAV352
法国系

原产于法国南部的埃斯皮古特（Espiguette）。独特的果香味和香气。

⑬ ENTAV78
法国系

第戎（Dijon）克隆。产量高，用于生产气泡酒。

⑭ ENTAV95
法国系

第戎（Dijon）克隆。产量一般。淡口的、适中的果香味。

⑮ ENTAV96
法国系

第戎（Dijon）克隆中在加利福尼亚非常普及的品种。

2 生产者所讲述的栽培和酿造

怎么去看待、培育霞多丽这种葡萄，并且如何将其变身为葡萄酒呢？关于栽培和酿造的实际情况，我们请教了世界上有名的栽培家。从他们的讲述中，最新的情况得以慢慢浮现出来。

栽培与酿造的6个关键要素
决定风味的工艺流程

① **使用何种克隆？**
种植筛选出来的克隆植株的克隆筛选法和在田地里选择所要的植株的苗圃育苗，甚至还有同时采用这两种方式的情况。前者使用的克隆数各不相同。

② **发酵时有无添加？**
是否加入人工酵母、糖、酸、帮助发酵的氮补气压力成分、亚硫酸等。利用天然酵母发酵的做法正快速增加。发酵时不添加亚硫酸的只有胡隆酒庄。

③ **采用何种压榨方法？**
是直接整串压榨（Whole-Bunch，又称为Whole-cluster），还是仅除梗不破碎，仅破碎不除梗，还是除梗破碎后再压榨？

④ **是否使用低温澄清（debourbage）法？**
低温澄清法是指将压榨后的果汁在发酵前低温静置，让果汁中的沉淀物和固形物沉淀下来。这个过程可以影响果汁中的沉淀物的质、量以及其他固体物的量。特别是沉淀物的使用方法备受关注。

⑤ **是否使用酒渣搅拌（batonnage）方法？**
酒渣搅拌是指在发酵或者陈酿过程中搅拌沉淀物，促进发酵，让葡萄酒可以稍许回到原本状态。既有完全不进行此过程的生产者，也有相对比较频繁使用的生产者。

⑥ **使用苹果酸乳酸（MLF）发酵吗？**
葡萄酒中的苹果酸变成乳酸。也有不进行苹果酸乳酸发酵（MLF）的生产者。MLF也分为自然发酵和使用乳酸菌发酵两种。

对于生产者来说，霞多丽的魅力是什么？回答分成两派。与其说是旧世界、新世界的思考方法，不如说是反映了每个生产者的想法。拉芳（Lafan）、布鲁尔（Brewer）认为霞多丽的魅力在于反映出了风土，而胡隆（Houillon）、比克斯勒（Bixler）则认为霞多丽表现的是酿造的风格，即生产者如何看待这个品种、如何表现，这才是霞多丽吸引他们的地方。

所追求风格的关键词列举了优雅、精巧、紧凑、清凉感。拉芳对于"不想追求很早之前的酒体过于厚重的霞多丽，已经不再受欢迎"的评论也反映了时代的变化。

法国以外的国家，在克隆选择时很多生产者会使用多个克隆。另一方面，在法国，苗圃育苗法正在复兴。克隆、植株的选择基准包括树势、风味、香气等多种因素。

想收获什么样的葡萄？当然在风味方面，酸度很重要，但作为收获的决定性因素，被很多生产者列举出来的还有香气（比克斯勒、德安娜、布鲁尔、霍根、岸平）。有些生产者重视香味，让其熟透后，有时还会选择补酸。

特别需要说明的是，绝大多数的生产者不进行除梗。葡萄酒书上看到的"除梗→破碎→压榨"基本上不实施。雷米（Rémi）说："果梗为果汁提供了通道，这样做沉淀物的质量提升了，量也减少了，也不会产生涩味。"除了勃艮第和日本的生产者外，绝大多数的生产者在利用天然酵母发酵时，不会补充糖分。此外，酒渣搅拌的频率，是否进行苹果酸乳酸发酵（MLF）等其他方面做法也各不相同。被称为中立品种的霞多丽，生产出来的葡萄酒风格也千变万化。

整串压榨多使用空气压榨。和除梗破碎相比，一次能够压榨的葡萄量减少。日本使用这种方法的人不多。

酒渣搅拌就是利用沉淀物的力量促进发酵。发酵完成后可以使葡萄酒稍微恢复到最初的状态。生产者也指出这样的酿造方法在风味中增添了一种结构感。

01

❶从克隆筛选法变成苗圃育苗法。在墨尔索·夏姆（Meursault-Charmes）的75年树龄的园区中选择。❷天然酵母。视情况允许补充糖分。❸整串充分压榨。❹非常重要，亲自实施。使用好的沉淀物。❺从发酵尾声开始最多实施5回。❻顺其自然。

法国/勃艮第默尔索
（Meursault）

拉芳酒庄
（Domaine du Conte Lafon）

多米尼克·拉芳
（Dominique Lafon）

现任主人

追求的风格是具备清新的香气、精致、优雅的霞多丽。克隆没有黑皮诺那么重要。虽然采用的是苗圃育苗法，但是选拔时非常重视收成和收获期的变动。收获根据数据的检测值和实际的口感来决定，同时也会注意数据的变化速度。压榨是整串，不进行破碎，用最大压力充分压榨。这是我们农民的思维方法。我们想最大限度得到自然恩惠带来的果汁。同时为了确保葡萄酒的品质，充分压榨非常重要。

默尔索干白葡萄酒2009
Meursault 2009

低调、优雅，闪着杏仁、橘子般果味的光辉。酸度很好地融入其中，出乎意料地丰润。右边是拉芳伯爵庄园混酿霞多丽干白葡萄酒（Mâcon-Villages2010 Les Heritiere du Comte Lafon）。

02

❶虽然也尝试了克隆筛选法，但最后还是回归苗圃筛选法。克隆数不明。❷天然酵母。偶尔会补一点糖。❸轻轻破碎后，整串压榨。❹实施24小时，选择好的沉淀物。❺每周两次（发酵完成至冬至）。❻顺其自然。

法国/勃艮第普里尼-蒙哈榭
（Puligny Montrachet）

勒弗莱酒庄
（Domaine Leflaive）

艾瑞克·雷米
（Erick·Rémi）

酿造负责人

追求兼具优雅、精巧、矿物质感的葡萄酒。种植方面为了守护种子的多样性这个土地的财产，采用苗圃筛选法。选拔时重视的是树的长势，而非糖度、酸度、香气。并不认为哪个流程特别重要，做法是轻轻破碎后，不除梗进行压榨。无论如何注意都会有好的沉淀和坏的沉淀，通过观察只选择好的沉淀。除了有时根据年份进行补充糖分和亚硫酸，其他一概不添加。经常实施酒渣搅拌。利用沉淀物的力量让葡萄酒紧致。

勒弗莱普里尼-蒙哈榭 少女园 2007
Puligny Montrachet Les Pucelles 2007

洋槐花和洋槐蜜的香气。能够感受到明显的酸度，酸度和有黏性的果香味非常均衡，让人心情愉悦。

03

❶一直采用苗圃筛选法。努力保持种子的多样性。❷只用天然酵母，其他什么都不添加。（SO$_2$也不添加）❸整串压榨。❹实施。在坏葡萄较少的年份，直到发酵开始的这段时期可以慢慢地进行低温澄清。❺没有。❻顺其自然。

比起风土，霞多丽更能反映的是收获年份和酿造风格。喜欢霞多丽的精巧、优雅、矿物质感。但是，从开花开始超过115天后，会过熟（氧化倾向）。去除被醋酸菌腐蚀和长了灰色霉菌的干瘪果粒，待果皮带点粉红色、马上要破裂时，选取其中的10%。酿造时不会过多地干预，有时需要花费5年的时间。不进行酒渣搅拌。但是，当发酵温度快要超过22℃时，会进行冷却。在低温下进行长时间的发酵，不容易增加挥发酸。

阿尔布瓦普匹林霞多丽干白葡萄酒 2010
Arbois Pupillin Chardonnay2010

糖渍苹果和蜂蜜的香气。香气弥漫的果实味中，饱满的酸度很强劲。因矿物质的存在酒体紧致。余味的酸度也是其特征。

法国/汝拉山
（阿尔布瓦）

埃玛纽埃勒·胡隆酒庄
（Emmanuelle·Houillon）
（皮埃尔·奥蔚努瓦
Pierre Overnoy）

埃玛纽埃勒·胡隆
（Emmanuelle·Houillon）

现任酒庄主

04

❶克隆筛选法。使用7种（ENTAV3种，意大利系4种）。❷自家农园，不选用天然酵母。禁止补充糖分。❸轻轻破碎。不使用沉淀物。❺实施。每两周进行一次（至次年3月）。❻顶级葡萄酒采用橡木桶发酵。

南蒂罗尔有着150年的种植历史。最好的区域已经非常知名，20世纪80年代被当作衡量生产者能力的品种在使用。我觉得它和雷司令有着同样的魅力。追求的风格是有着优雅、品尝的喜悦的葡萄酒。使用多种风格的酵母，也选择果粒小、果穗稀疏的品种。收获期根据风味来决定，比起糖度，酸度更重要。设想的酒精度数是不超过13%。轻轻破碎后，不除梗直接压榨。自有葡萄园进行天然酵母发酵。因为初期发酵过于迅速，所以不使用沉淀物。

拉格德罗文刚霞多丽 2009
Lowengang Chardonnay 2009

第一印象有苹果蜜的风味。略带黏性、柔软的质地。果香味和饱满的酸度意外地相互融合。

意大利/上阿迪杰
（Alto Adige）

拉格德酒庄
（Alois Lageder）

阿洛伊斯 拉格德
（Alois Lageder）

现任酒庄主

---

❶使用何种克隆？ ❷发酵时有无添加？ ❸采用何种压榨方法？ ❹实施低温澄清吗？ ❺实施酒渣搅拌吗？ ❻进行苹果酸乳酸发酵吗？

❶苗圃筛选法。始于一种法国带来的苗木。❷天然酵母。有时进行补酸。添加超级食物。❸整串。短时间内很轻地压榨。❹不进行。发酵前混合沉淀物和果汁。❺基本上不做。❻加入乳酸菌后实施。

05

美国/加利福尼亚
（索诺玛Sonoma）

吉斯特勒酒庄
（Kistler Vineyards）

马克·比克斯勒
（Mark Bixler）

经理

卓越的霞多丽葡萄酒反映出了各个酿酒师的决断。日本的霞多丽的来源是110年前从路易拉图酒庄（Louis Latour）的科通查理曼的田地拿过来的树枝，在加利福尼亚的土地上经过了长年的苗圃选择而得来的品种。优良苗木的选择和收获都是根据香气决定。葡萄的"香味""香气"很重要。这样的风味只有葡萄完全成熟后才会出现。我们的做法是非常轻地、短时间地整串压榨后，不静置直接转移到发酵。整串压榨很重要。

索诺玛山 霞多丽干白葡萄酒 2009
Sonoma Mountain Chardonnay 2009
富含多种香气的能量感非常出众。香草、杏仁、些许白西洋松露。适度的果香味和橡木桶的平衡非常绝妙。余味悠长。

❶克隆非常重要。只使用门多萨克隆。❷人工酵母。禁止补糖。不补酸。❸除梗后，快速地进行1小时的压榨。❹实施。去除较大的沉淀。❺实施。发酵后立即进行每周1回，之后每3周1回。❻没有（因此装瓶前进行无菌过滤）。

07

澳大利亚/西澳大利亚州
（玛格丽特河Margaret river）

露纹酒庄
（Leeuwin Estate）

丹尼斯·霍根
（Denis·Horgan）

现任酒庄主

我们的霞多丽带有水果的凝缩感，仿佛通过玻璃杯能感受到田地的活力。收获时，香气是绝对的重要因素。不用担心这块地的酸度下降。为了酿造这样的葡萄酒，除梗后不破碎，短时间内轻轻地压榨，添加人工酵母，新桶100%橡木桶发酵。虽然实施低温澄清，但是因为优质的轻薄的沉淀物会让葡萄酒产生复杂味，所以保留。直到从橡木桶中取出为止，定期进行酒渣搅拌，恢复葡萄最初的状态。不实施MLF，进行无菌过滤。

露纹艺术霞多丽干白葡萄酒 2008
Art Series Chardonnay 2008
略带清凉感的柑橘香气。黏稠饱满的果香味中带有蜂蜜般橡木桶的风味。略带苦涩的丰富的味道。

❶同时采用12种克隆品种。❷人工酵母（蒙哈榭Montrachet），有时会补酸。添加超级食物。❸整串。慢慢压榨。❹静置一个晚上，利用重力将沉淀出沉淀物。❺不进行。❻不进行（因此装瓶前需要进行无菌过滤）。

06

美国/加利福尼亚
（圣塔芭芭拉Santa Barbara）

克林顿酒庄
（Brewer Clifton）

格雷格·布鲁尔
（Greg·Brewer）

现任酒庄主、酿酒师

之所以青睐霞多丽，是因为它能清楚地展示其生长的土地。我想生产的是仿佛通过玻璃杯就能看见的那片景色，没有丝毫冗余的葡萄酒。克隆决定口感，因此很重要。虽然使用很多的克隆会很有魅力，但是单一克隆的葡萄酒也很纯粹、真实。整串慢慢压榨后，使用蒙哈榭酵母发酵。酒渣搅拌和MLF会模糊葡萄酒的味道和风味，使葡萄酒失去纯粹和精致，所以不使用。进行无菌过滤。

圣丽塔山霞多丽干白葡萄酒2010
Santa Rita Hills Chardonnay 2010
饱满且无强迫感的新鲜的果香味。充满活力的酸度。朴素、纤细、干净纯粹的味道。

❶克隆筛选法。按照区域种植了7个品种。〔UCD4、奔富(Penfolds)、4种ENTAV、门多萨克隆〕❷天然酵母。禁止补糖。不补酸。❸整串和除梗并用。（60%除梗）❺发酵期内每天进行发酵。发酵结束后每周1~2次。❻顺其自然。

08

澳大利亚/维多利亚州
（雅拉谷Yarra Valley）

候德乐溪酒庄
（Hoddles Creek Estate）

佛朗哥德安娜
（Franco D'Anna）

酿造负责人

酿酒师的工作最重要的就是要充分理解葡萄品种，并找到能充分发挥出自家田地个性的最好方法。追求的风味是优雅和紧致的葡萄酒。不喜欢度数过高的葡萄酒。虽然在收获期会参考香气，但是也很重视pH、酒石酸、波美度。近年，澳大利亚也开始考虑合适的土地种植合适的种子。这里很寒冷，不需要补充酸度。自家农园中出产的葡萄使用天然酵母发酵。不同的田地，也有因为除梗失去结构，因此40%采用整串压榨。添加酵素和澄清会让其失去风土特色。

候德乐溪亚拉河谷 霞多丽干白葡萄酒2010
Premier Yarra Valley Chardonnay 2010
优质、紧致的印象。渐渐散发出果香味、美妙和酸度。充满活力的酸非常丰富。刻意控制橡木桶的使用。余味中透着悠然伸展的酸度。

❶可以得到的克隆的种类很少，不得不采用苗圃筛选法。❷使用人工酵母，禁止补糖。不松酸。❸整串。❹实施。保持一定的混浊度。❺实施。每周进行1次（防止氧化）。❻顶级混酿酒人为实施MLF。

09

智利/马雷考山谷
（Malleco Valley）

百子莲酒庄
（Vina Aquitania）

菲力普·索米尼哈克
（Felipe de Solminihac）

酿造负责人

在智利，热带系果实味的、卡萨布兰卡产的适合年轻时饮用的霞多丽是主流，在特赖根（Traiguen）能收获到酸度丰富的葡萄。我想酿造的是在瓶内发酵的潜力很高、可与和其他酒款区别开的葡萄酒。这里不用担心酸度下降，所以可以等糖分充足后再收获。整串压榨是关键。利用人工酵母发酵。虽然进行低温澄清，但是也需要保持一定的混浊度。沉淀物可以防止橡木桶中发酵以及陈酿过程中的氧化，可以抑制橡木桶的香气。发酵辅助剂在测定氮浓度后再添加。为了防止氧化以及保持橡木桶内的一致性，实施酒渣搅拌。

阳光之酒（Sol de Sol）霞多丽2007
Sol de Sol 2007

从中调到后半期突显的酸度极具特点。虽然带有柑橘系的果香味，但是略显清瘦。余味很短，有种氧化的感觉。

❶一部分采用苗圃筛选法。从苗木公司购入了很多苗木。克隆不明。❷基本上使用天然酵母。极少补充一点糖分。不补酸。❸整串压榨和除梗同时采用。分别压榨。❹轻柔地进行低温澄清。8~12小时。浊度高。❺发酵后酒渣搅拌。每周2次。❻顺其自然。

11

日本/山形
（上山）

武田葡萄酒
（TAKEDA WINE）

岸平典子

现任酒庄主
栽培酿造负责人

霞多丽的魅力在于采用不同的酿造方法可以呈现出不同风格的葡萄酒。因此可以挑战通过自己的葡萄酒酿造表现自己的土地的味道。总是被霞多丽吸引的理由就是它的可塑性。气候条件好的年份，收获时很重视香气。分别采用整串压榨和除梗后压榨（只有整串压榨会加压）。很少补充糖分。为激发出这块地的芳香其他要素达到平衡的酒精度数10%~11.5%就足够了。为了得到复杂且自然的香气，天然酵母非常具有优势。

竹田城堡酒庄白葡萄酒 2009
Chateau Takeda Blanc 2009

不过分突显的、优雅的果香味和支持它的酸度的平衡很好。拥有柔软的结构和煮苹果的风味。残留在喉咙处的果实的妙味很有魅力。

❶选择方法不明确。克隆、砧木很重要，但是耕作方法更重要。只使用南非政府公认的175号。❷天然酵母。慢慢发酵。不补充糖分、酸度。❸整串压榨。6小时慢慢压榨。❹实施。保留好的沉淀物。❺没有。❻顺其自然。

10

南非/埃尔金
（Elgin）

朱利安查德酒庄
（Julien Chard）

朱利安查德
（Julien Chard）

现任主人

在阿尔萨斯地区酿造雷司令时，很重视香气和风土，这里的霞多丽则重视酿造方法。选择克隆的决定因素是酸。为了保留酸度，不摘叶，而且将采收期提前。品尝葡萄后决定收获期。虽然也检查酸度，但是风味是最重要的。追求的风格是香气中散发着清凉感的类型。不喜欢酒体厚重的葡萄酒。通过天然酵母进行长时间发酵可以产生复杂味。整串进行长时间的压榨。不进行酒渣搅拌。新桶发酵不超过10%，不锈钢酿造罐发酵30%。不实施MLF。

朱利安查德霞多丽干白葡萄酒 2010
Chardonnay 2010

柠檬和橙子花的香味中平添了一份橡木桶的甜味。第一印象适中。高品质、果渍干净的风味。

❶虽然进行选拔，但是没有显著的差异。反而砧木很重要。❷人工酵母、根据需要补糖，基本上不补酸。❸进行除梗破碎。❹虽然实施，但是会避免过度澄清。❺每周2回。❻因收获年而异。

12

日本/长野
（北信）

莫西亚城堡酒庄
（Chateau Mercian）

生驹元

酿酒师

霞多丽也有很难适应气候、风土的情况，能够突显各个产地的个性。追求的是能够感受到精致、优雅感的葡萄酒。因此很重视优质、能带来深度的酸、矿物质。收获日不仅仅是根据糖分决定，也重视果实的香气和酸度的平衡。因为还原葡萄本来的复杂的酸度很困难，所以极力避免补充酸度。白葡萄酒中很重要的是有令人心情愉悦的酸度。酿造时，通过还原处理、酿造期间进行适量的引沉，达到氧化还原平衡。

莫西亚城堡酒庄霞多丽干白葡萄酒 2011
Château Mercian Hokushin Chardonnay 2011

刚开始有点闭塞，慢慢地能感觉到像桃子、油桃般的香气。被紧致的酸度支撑着的果香味酸度。从中调到余味都很明显。

---

❶使用何种克隆？ ❷发酵有无添加？ ❸采用何种的压榨方法？ ❹实施低温澄清吗？ ❺实施酒渣搅拌吗？ ❻进行苹果酸乳酸发酵吗？

Part.2

从 AOC 来了解法国的

霞多丽

霞多丽在勃艮第名声大噪是在17世纪。并且于20世纪后半期，在美国掀起了热潮，过去30年间法国国内的种植面积也扩大到原来的3倍。霞多丽是生产者、消费者双方最支持的白葡萄酒中的王者。下面就以代表性的6个产地为例来验证霞多丽的现状。

表现出区域风土之间细微个性的葡萄

和法国的其他品种一样，即使是参照考古学和历史学，也无法弄明霞多丽的起源。但是，可以确定的品种名称来源于马孔内北部的霞多丽村，1989年的文献中有记载"霞多丽村里有白葡萄酒用的高贵品种"。

霞多丽从寒冷到温暖产地，适应的气候范围很广。即使是纵观法国，如此从南至北被视为珍宝的品种也是不多见的。除了在香槟大区、勃艮第、卢瓦尔河的雪瓦尼城堡、汝拉、朗格多克的利穆（Limoux）的产地是公认的主要产区外，在西南产区、红土城（Roussillon）也诞生了优秀的葡萄酒。适合种植的土壤也多种多样。但是，葡萄酒最有价值的应该还是在勃艮第生产的。各个产地明确地被细化成不同的气候区域，霞多丽都能很好地体现每个区域的不同个性。其多彩性也是世界上首屈一指的。

与品种个性突出的琼瑶浆、维欧涅等相反，霞多丽的魅力就在于"没有很强的个性"。如果用绘画来比喻的话，霞多丽就像纯白的画布一样，可以直接反映出风土的特性和生产者的意志。在勃艮第，霞多丽喜欢的是黏土质和石灰质混合的土壤和偏白的泥灰土。土壤构成随着断层和海拔时刻在变化，作为能够反映出其中的细微差异的品种，勃艮第选择了没有强烈个性的霞多丽应该是根据长期经验做出的正确的淘汰。

在土壤分析、酿造设备都已科技化的现今，霞多丽对风土的诠释也变得越来越细致，但是影响风味的要素不仅仅只有风土。从葡萄树开始活动的春天直到收获这段时间的气候也成为了年份的个性，体现在葡萄酒中。而且，虽然统称为霞多丽，但是在法国就有28种克隆，果穗的大小、凝缩度、糖分的上升速度、生产性也不一样。砧木的选择也很重要，会影响树势、生长速度和产量。

在没有采用有机农法之前，从整枝开始所有的作业都要正确，收获时通过人工采摘和选果来提高品质。并且对于酿造时使用橡木桶、不锈钢发酵罐、去除沉淀物和酒渣搅拌的程度等这些手段的差别，霞多丽都会敏感地反映出来。单从勃艮第来看，霞多丽所展示的变化也是无限丰富的。在法国，霞多丽可以称得上是最具宽容性的并且有着未知的表现力的品种之一。

采访的AOC
勃艮第首屈一指的
6个产地

夏布利（Chablis）
代表性的基末利阶（Kim-meridgian）土壤的地质年代是上侏罗纪基末利阶层。石灰和黏土混合的泥土灰中，有着细碎的牡蛎的化石。比较年轻的波特兰阶（Portlandian Stage）土壤中黏土很少，是看不见牡蛎化石的石灰质土壤。特级庄位于斯兰（Serein）河右岸的、日照量最多的西南朝向的斜坡上。

科通查理曼
（Corton Charlemagne）
大部分位于金丘（Cote D'or）非常珍贵的从西南到西边朝向的斜坡上。高度280~330m。坡度很大，达20%~23%。地质年代是比夜丘（Côtes de Nuits）要年轻的中侏罗纪和晚侏罗纪。霞多丽喜欢的是覆盖在石灰岩母岩上的、发白的泥灰土，表层土的黏土质很强。

默尔索（Meursault）
北侧是上侏罗纪牛津阶（Oxfordian Stage）的石灰质土壤。更加适合霞多丽的是由南面的小山丘上的中侏罗纪的巴通阶（Bathonian Stage）和卡洛夫阶（Callovian Stage）形成的黏土石灰和泥灰的土壤。一级园主要集中在高度250~275m的丘陵地带。280m高度以上的是泥质砂岩的地质。

普里尼-蒙哈榭
（Puligny Montrachet）
高度230~320m。褐色石灰岩较为多见，以及含有贝壳化石的泥灰土、黏土石灰堆积而成。斜坡上部含有黏土成分，土层厚，下部的黏土颗粒变得细小。拥有大片特级园的缓坡的断层，由伯恩丘、夜丘两大地质层构成，在金丘，也是最适合霞多丽生长的地方。

夏山-蒙哈榭
（Chassagne Montrachet）
高度220~325m。地质年代从丘陵的顶部开始就各不相同，山崖部分是上侏罗纪牛津阶（Oxfordian Stage），接着是中部卡洛夫阶层的泥灰岩，接着是含有巴通阶层的黏土的石灰岩。普伊被当作将巴塔（BATARD）和蒙哈榭（Montrachet）一分为二的界线，但是本质上土壤构成是一样的，都属于蒙哈榭（Montrachet）家族。

普伊-富赛
（Pouilly Fuisse）
由富赛（Fuisse）、索特留·普伊（Solutre·Pouilly）、维尔基松（Vergisson）、沙楠特雷（Chaintre）构成。位于索特留山（Solutre）和维尔基松山（Vergisson）的岩石堆积的山脚，高度200~350m处。地质年代跨越侏罗纪下部至上部，由中部巴柔阶（Bajocian）和巴通阶形成的黏土石灰质土壤和泥灰质土壤，基本上和金丘霞多丽的生长土壤一样。

01
CHARDONNAY
Chablis

将直率的工作变成可能的，具有夏布利
风格的味道

夏布利

WINERY | Domaine Daniel Seguinot et Filles

丹尼尔尚爵酒庄

劳伦斯·尚爵（右）
Laurence Seguinot
丹尼尔·尚爵（中）
Daniel Seguinot
埃米莉·尚爵（左）
Emille Seguinot

劳伦斯主要负责销售，丹尼尔和埃米莉
负责栽培和酿造。由于年代差导致的意
见冲突在尚爵家是不存在的，就像埃米
莉说的"父亲的经验和年轻的我们的挑
战精神是酒庄的优势"。关系好到让人
吃惊，是家族经营的成功范例。

忠实地表现特有的风土

从夏布利整个区域来看，需要改善的地方还有很多，如提高收成、增加机械收获量等。根据酿造时使用的橡木桶和酿造罐的种类不同，风味也会发生变化。不同的生产者的酿造技巧差别也很大，夏布利特有的风土和金丘相比较的话，则是未知数。在考虑"今天的标准的夏布利"时，能成为其中之一的风向标便是丹尼尔尚爵（Daniel Seguinot）。

在位于夏布利村以北8km的马利尼（Maligny）村的尚爵酒庄（Seguinot），父亲丹尼尔（Daniel）和两个女儿劳伦斯（Laurence）、埃米莉（Emilie）从小夏布利到一级夏布利生产着5种类型的夏布利系列葡萄酒。女儿们的活跃作为新生代的崛起非常令人瞩目，与其调查市场评价，试饮一下反而会更容易理解。碘味，一贯如此的矿物质感，令人吃惊的果香味。不管是现在还是过去，消费者的评价都是"夏布利的美好印象"，即能让人感觉仿佛夏布利就是身边的非常好喝的葡萄酒。

"为了很好地表现夏布利，直率且认真地工作很重要。"如此说的尚爵（Seguinot）父女其实也没有做什么特殊的事情。栽培采用的是减农药种植。更新是以苗圃筛选法为主，选择了能够适应各种状况的95种克隆。并且，因为觉得"橡木桶的风味会掩盖夏布利的精致"，所以毫不犹豫地选择了不锈钢罐酿造。

通过生产直率的葡萄酒，毫无炫耀感地反映出了风土。试饮尚爵（Seguinot）的两种一级园科素园（Fourchaume）和沃姆莫尔园（L'Homme Mort）后，清清楚楚地感觉到了其中的不同。被冠以L'Homme Mort（死者）这个不吉利的名字的酒款，往往以相邻的科素园（Fourchaume）的名义出售。但是，科素园（Fourchaume）的华丽感和沃姆莫尔园（L'Homme Mort）的强劲，给人感觉反而截然相反，每一款都让人迷恋。

栽培方法主要采用
双居由型（Double
Guyot）。比过去的
夏布利型更容易控
制收成。砧木选择
的是对石灰质土壤
耐性很强的41B等。

感受真正的夏布利
自然散发的碘味

科素园（Four chaume）。混合着细小的牡蛎化石的石灰和黏土的泥灰土，夏布利的土壤是典型的基末利阶土壤。

20ha的田地被分为12个区域，根据区域选择不同容量的不锈钢罐酿造。酿造过程中，试饮率最少每周一次。

科素园。夏布利为了防止水土流失而早早引入了杂草种植。位于斯兰（Serein）河右岸的葡萄园与特级园一样均为西南走向。

夏布利干白葡萄酒2010（右）
Chablis 2010
夏布利一级园科素园干白葡萄酒2010（左）
Chablis Premier Cru Fourchaume 2010

收获后，为防止葡萄氧化，立即用3台气体压榨机压榨。经过12～24小时的低温澄清后，利用重力（Gravity）系统转移到可以控制温度的不锈钢酿造罐中。用人工酵母发酵。引沉进行2～3次，保留少量能给葡萄酒带来风味的细小的沉淀物。大约15ha面积的夏布利有着多种的地块气候的混合。4ha福寿园的一部分进行人工采收。夏布利最具代表性的碘味、矿物质、新鲜的果香味。无论品尝哪个年份，都有稳定的表现。

131

特级园追求的不是力量
而是复杂性

2008年高接在40年树龄的砧木上的品种。品种更新除了采用苗圃筛选法，克隆还选择果穗小的548号和CH4号。

2011年的科通查理曼的地下陈酿酒窖。使用达默（Damme）公司和克洛特（Claude）公司的橡木桶，新桶比例保持在30%。

香皮酒庄科通–查理曼特级葡萄酒2010（右）
Domaine Champy Corton-Charlemagne 2010
香皮酒庄科通–查理曼特级葡萄酒2009（左）
Maison Champy Corton-Charlemagne 2009

为了防止氧化，将人工采收的葡萄放入20kg的小筐中，迅速运到酿酒厂，用气体压榨机压榨。经过大约12小时的低温澄清后，采用天然酵母进行酒精发酵。酒精搅拌的频率视各年份葡萄酒的状态进行调整，2010年份酒，每周进行1次MLF发酵，直至发酵结束。利用酒泥进行12个月的橡木桶陈酿后，转移至不锈钢酿造罐中静置2个月，轻微过滤后，装瓶。直到2009年，冠以香皮宝利（Maison Champy）名称的自家葡萄园的比例约占65%。

母岩是含有黏土质的石灰岩。偏白的泥灰土覆盖在母岩上，科尔顿（Colton）的山坡上也是和霞多丽很相配的土壤。表层土有很多沙砾状的小石头。

迪米特里·巴扎斯（右）
Dimitri Bazas
皮埃尔·莫尔杰（左）
Pierre Meurgey

今年已经是两人合作的第13个年头，自有葡萄园开始着手有机栽培是在2004年。次年采用生物动力法，现在100%采用生物动力法。生物动力法步入正轨后，糖和酸的平衡非常好，葡萄也产生了复杂性。

俯瞰佩尔南－韦热莱斯（Pernand-Vergelesses）村落的英－查理曼（En Charlemagne）。在金丘非常珍贵的朝西的斜坡上，夏天有利于光合作用。

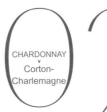

生物动力法带来
矿物质感的优雅

科通查理曼

WINERY | Maison Champy

香皮酒庄

历史悠久的老字号酿酒商所表现出来的飞跃进步

虽然新生代生产者的活跃非常容易夺人眼球，但这里必须要提的是勃艮第最古老的批发商香皮（Champy）近年来所表现出来的品质提升。其风土表现之所以能成为焦点，是由于20世纪90年代开始掌舵的皮埃尔·莫尔杰（Pierre Meurgey）的改革和1999年开始担任技术负责人的迪米特里·巴扎斯（Dimitri Bazas）的实践力。

自从买下了佩尔南－韦热莱斯（Pernand-Vergelesses）的丽朗碧奥酒庄（Domaine Laleure-Piot），从2010年份开始，香皮的科通查理曼全部产自自有葡萄园。与其他的自有葡萄园一样，新获得的田地也都采用自然动力法。酒标上也标明了作为自有葡萄园的葡萄酒的"香皮酒庄（Domaine Champy）"字样。

"我们拥有的三个园区位于英－查理曼（En Charlemagne）。朝西的斜坡虽然得到夏季光照的恩惠，但最终还是非常晚熟。在等待达到最低酒精度12%的过程中，酸度不会下降，还能积蓄充足的矿物质。这里拥有科通查理曼地区非常优秀的持续性的风土。"

并且，作为表现细分化的风土的手段，他们确信自然动力法能够在葡萄的成熟过程中带来复杂性是有效的。"科通查理曼的余韵中有种偏咸的矿物质感，采用生物动力法后，从发酵前的果汁中也能够明显地感受到这种矿物质感。"

关于从丽朗碧奥（Laleure Piot）处获得的园区，现在谈生物动力法的成果还为时尚早。尽管如此，试饮的2010年份酒中，在该年份典型的紧张感中，有着被酸度包裹的水灵灵的果香味，调动出每个瞬间矿物质感的悠长韵味。这瓶科通查理曼告诉我们的不是压倒性的力量、容量，而是由酸度和矿物质支配的精致的优雅。

03

CHARDONNAY
Meursault

从父辈那里继承的
无与伦比的纯粹感

默尔索干白葡萄酒

WINERY | Domaine Michel Bouzereau et Fils

米歇尔·布泽赫酒庄

体现现代风土风格的默尔索葡萄酒

不随波逐流，并且保持在时代的最前列。处在
这样绝妙位置的，当属米歇尔·布泽赫（Michel
Bouzereau）酒庄了！曾经默尔索受欢迎的是饱满的
橡木风味的浓厚的葡萄酒。但是，现今广受好评的
是可以联想到风土特性的带有矿物质感的细腻的葡
萄酒。面对这样的市场变化，现在的主人巴蒂斯特
（Jean Baptiste）冷静地说道："我在1990年开始参
与酒庄事务，当时父亲生产的就是和现在风格很相
近的默尔索。大多数都卖给了批发商，因为周围都
生产浓厚的默尔索，所以反而很需要我父亲生产的
那种葡萄酒。我应该是很自然地继承了父亲的风格
吧。我想生产的是自己不会喝厌的、能将风土展现
在眼前的默尔索。"

种植方面采取减农药种植、只使用有机食品
（BIO）认可的药剂，实质上是有机栽培。品种更新
除了使用苗圃筛选法，还使用548号克隆。548号克
隆在金丘地区受到广大追求品质的生产者的认可，
果穗娇小，但能给予葡萄酒成熟的风味和骨骼感。

虽说"酿造葡萄酒的整个过程中最喜欢的是真
真切切与田地打交道的秋冬季节的田间劳作"，但
是也在专心改良酿造工艺。2009年酿酒车间进行了
一系列革新，例如默尔索"特级夏龙（Les Grands
Charrons）"首次使用了达默（Damme）公司的500
升的橡木桶等，也正在研究能够发挥出风土个性的
橡木桶的种类。

正如巴蒂斯特所说，"我想最大限度地发挥出
没有特级园的默尔索一级园的魅力"，酒庄试饮中
的双雄是热内夫里耶（Genevrier）和佩里耶尔
（Perière）。超凡脱俗的纯粹感和自然的风格非常
现代化，但同时贯穿葡萄酒的矿物质感又很坚固，
具有古典风格。一直到余韵都完美融合。

巴蒂斯特·布泽赫
Jean Baptiste Bouzereau
1972年出生。代代都是默尔索的葡
萄栽培师，父亲米歇尔成立了酒庄。
"我想从事在大自然中的工作"，这
样想的巴蒂斯特，在15岁时就下定决
心要成为葡萄酒生产者。18岁起参与
酒庄事务。1999年开始，担任酒庄
的总指挥。

热内夫里耶（Genevrier）的土壤是侏罗纪巴通阶层的石灰岩和黏土。石灰的小石头到处滚来滚去，表层土的深度随着高度而变化。

默尔索一级园佩里耶尔2009（右）
Meursault Premier Cru Perière 2009
默尔索一级园热内夫里耶2009（左）
Meursault Premier Cru Genevrières 2009
在田地进行选果后，用气体式压榨机长时间进行压榨。15～24小时的酒渣搅拌。佩里耶尔（Perière）的新桶比例30％，热内夫里耶（Genevrier）为25％。酒渣搅拌在像2007年比较纤弱的年份，为了增加葡萄酒的厚度会进行，但是像在2006年、2009年那样饱满的年份基本上不进行。在经历大约11个月的橡木桶陈酿后，先暂时移到不锈钢酿造罐中，为了使葡萄酒拥有优质的风味，会和细腻的沉淀一起再次返回到橡木桶中。最终的陈酿期间为16～18个月。装瓶将在综合考虑各个月的作业周期后进行。

热内夫里耶（Genevrier）。0.52hm²。主要是1987年和1990年种植的葡萄树。从知道土壤重要性的父亲那一代开始，就一直采用严格的减农药种植。

酒窖的革新使酿造更加规范

2009年开始启用的全新酒窖。使用的橡木桶中，90％来自达默（Damme）公司，其余来自圣哥安（Seguin Moreau）公司。一级园的新桶比例为25％～30％。

伴随着酿酒厂的革新，酒庄的前台和品酒区都变得焕然一新。到酿酒厂的交通也很方便，游客舒适度显著提升。

理查德（En La Richarde）。虽然是黏土石灰土壤，但是普里尼总体上比夏山的石灰成分多。表层土很薄，部分石灰岩石裸露在地面。

位于骑士－蒙哈榭园（Chevalier-Montr-achet）的东侧、海拔300m的理查德。面积0.25ha。平均树龄高达40～50年。

栽培方面采用居由整枝法的占8～9成比例，剩下的采用高登型整枝法。高登型整枝法可以控制产量，平均产量大概在40hl/ha。

04

CHARDONNAY
▼
Puligny
Montrachet

更好地衬托出风土的，美妙的酸度和矿物质

普里尼－蒙哈榭

WINERY | Domaine Benoît Ente

伯努瓦恩特庄园

对各个年份都追求高品质的永无止境的探索

可以代表普里尼－蒙哈榭的一级园的富丽叶园（Les Folatieres）。属于这个一级园的"略地"（Lieu-dit）有4个，17ha多的葡萄园高度和斜坡的朝向都不一样。条件不是同一的。其中酿造出令人眼前一亮的富丽叶园干白葡萄酒的是伯努瓦恩特（Benoit Ente）。拥有的"略地"位于离骑士－蒙哈榭园（Chevalier-Montrachet）最近的理查德（En la Richarde）。

1999年开始自己公司装瓶。每经过一个年份，

普里尼－蒙哈榭一级园香甘园霞多丽干白葡萄酒2009（右）
Puligny Montrachet Premier Cru Champ Gain 2009

普里尼－蒙哈榭一级园富丽叶园理查德霞多丽干白葡萄酒2009（左）
Puligny Montrachet Premier Cru Les Folatières en la Richarde 2009

2006年开始，收获后的葡萄用容积11kg的小筐搬运。小筐有着不会损伤葡萄、方便在田地里选果的优点。用气体压榨机压榨。低温澄清24小时。采用天然酵母发酵。香甘、富丽叶园的新桶比例为25％。需要的话，还会进行最小限度的酒渣搅拌。在橡木桶陈酿12个月后，移至不锈钢酿造罐中，进行混合。在不锈钢罐中的静置时间长达5～6个月，自然而然地变得清澈。不进行过滤，即使进行也只是轻度过滤。

使用的橡木桶中，300L和228L的各占一半。使用300L的橡木桶的目的是控制橡木桶的香气和通过容量的组合减少葡萄酒的浪费。

令人咂舌的壮丽的理查德

伯努瓦·恩特
Benoît Ente
1968年出生。哥哥是默尔索的阿赫诺－恩特（Arnaud Ente）。1990年开始，在祖父和姨母的手下积累经验，1997年继承了田地。1999年开始自己公司装瓶。虽然不久得到了好评，但是他说："不想停留在博得好评层面，生产自己想喝的葡萄酒这很重要。"

只要是资金允许，都会进行改善和投资，转机出现在2004年份。

2003年是世纪酷暑，不管是哪个生产者的葡萄酒都有着特有的甜味，"过熟葡萄的甜味会覆盖和隐藏掉勃艮第风土的独特风味。能够衬托出风土个性的是酸度和矿物质。我想酿造个性鲜明的典雅的普里尼。"伯努瓦终于坚定了这个想法。

不等待葡萄完全成熟就收获，发挥其酸度，定期进行的酒渣搅拌也根据年份控制在最小的频率。另外，新桶的比率控制在25％，因为"不想让葡萄酒的风味受其他因素的影响"，所以旧橡木桶也只使用自己用过的。而且，因为秉承着"葡萄酒酿造的90％由田地里的作业决定"的信念，15年来一直采用的是不使用任何除草剂和化学肥料的严格的无公害种植。换栽采用的是苗圃筛选法和果穗小的克隆548号、CH4以及容易出现结实不良的CH1。伯努瓦说，"我想总是向着最高目标，不断进行自我变革。"

试饮了2009年份的葡萄酒。评价虽高，实际上酸度却很低，还很笨拙，但在伯努瓦的普里尼中突出的应该是优美的酸度。并且，最优秀的是理查德。壮丽的果香味和矿物质足以与特级园相媲美。

罗曼尼（LA ROMANE）。黏土石灰的土壤，表层土中有很多石灰的小石头，翻土后还会出现十多种贝壳和菊石的化石。

整枝方式是居由整枝法和高登型整枝法。因为"想尊重每棵葡萄树的个性"，移植采用的是苗圃筛选法。

玻璃瓶中存在
风土个性的小宇宙

使用的橡木桶主要是以沙桑（Chassaing）公司为主，还有圣安哥公司的和塔兰索（Taransaud）公司的。为了不让橡木桶的香味覆盖风味，会控制烘烤程度。

夏山-蒙哈榭一级园太特克洛斯园
霞多丽干白葡萄酒2009（右）
Chassagne-Montrachet Premier Cru Tete du Clos 2009
夏山-蒙哈榭一级园 罗曼尼霞多丽
干白葡萄酒2009（左）
Chassagne-Montrachet Premier Cru La Romanée 2009
太特克洛斯是"略地"（Lieu-dit）的其中一个。葡萄在田地选果后，要花费近4小时用气体压榨机压榨。不进行低温澄清。利用天然酵母发酵。橡木桶陈酿时间根据年份会有不同，12~18个月。橡木桶发酵期间，不进行引沉和低温澄清，利用酒泥静置。因为经过混合，移到不锈钢罐中时，保留细小的沉淀物。花费数月的时间等待其自然沉淀，不进行澄清、过滤，考虑每个月的作业周期装瓶。

葡萄酒中尽显风工之美

夏山–蒙哈榭

WINERY | vincent dancer

文森特·丹瑟酒庄

1978年开始植树的罗曼尼。拥有的区域是在罗曼尼的半山腰、海拔275m处，石灰和黏土的平衡性很好。

文森特 丹瑟
Vincent Dancer

1972年出生。1996年开始自己公司装瓶。1998年份的酒在全世界都得到很高评价，之后作为勃艮第的顶级生产者，打响了名号。以夏山为据点，在普里尼–蒙哈榭、默尔索、波玛、伯恩丘共有5ha的田地。

酿酒并非强行干预，而是关照引导

"都说夏山–蒙哈榭比普里尼的黏土质更强，葡萄酒也显得更加饱满和强劲。即使在夏山地区，土壤的组成也不一样，而且也有树龄和年份的差异。在葡萄酒中如实地表现差异就是我的工作。"这样说的文森特·丹瑟在酿造中真的没有进行强行干预。

首先，为了将压榨后的所有东西都封在橡木桶中，所以压榨后的果汁不进行低温澄清，直接放入橡木桶中。虽然通过天然酵母进行酒精发酵，有时会花费长达8个月以上的时间，但是也不会去控制温度。而且，也不会补充酸度、糖分，从决定不采用酒渣搅拌后已经经过了10年。"利用人工酵母和补充糖分等不断改良，的确不会失败，但是这样葡萄酒也会不断丧失自己的个性。不要被分析数值牵着鼻子走。葡萄酒接受的是自然的恩惠，所以理所当然会有气候炎热的年份和寒冷的年份。重要的不是和自然抗争，而是信任自然、接受自然。"除了SO_2以外，什么都不添加，完全交托大自然，文森特就是在那里展示着的一个守候者的姿态。

栽培方面，在2006年开始采用有机栽培方法。换栽进行苗圃筛选法，亲自去选择了果穗娇小的古树。2010年发生了花疭疾和结实不良的情况，一级园的太特克洛斯的产量只有仅仅23hl/hm^2，这是"产量也是风土和年份交给我们的答卷之一"。

非常珍贵的2010年份的太特克洛斯带有橙花的香气，有着高龄葡萄树才有的果香味。丝滑的矿物质和熠熠生辉的酸度。并且，这个复杂性经得起长期陈酿。这是一款想要享受到它的真正价值还需要一定忍耐力的葡萄酒。

普伊–富赛老藤布兰德 2010 (右)
Pouilly-Fuisse en Buland Vieilles Vignes 2010
普伊–富赛克雷园干白葡萄酒2010 (中)
Pouilly-Fuisse Les Crays 2010
普伊–富赛联盟V 2010 (左)
Pouilly-Fuisse Aliance V. 2010
AllianceV由4个园区混酿而成。克雷园（Les Cray）位于维尔基松崖山丘朝南的斜坡上。在田地中选果后，轻轻地破碎，用气体压榨机压榨后，经过10小时的低温澄清后再放回到橡木桶中。这些作业中都导入了重力系统。采用天然酵母发酵。不进行引沉，利用酒泥发酵。必要时进行最小限度的酒渣搅拌。标记产地名称的普伊–富赛的发酵期间是12～15个月。为了混酿，在不锈钢罐中静置2～3个月。基本上不进行过滤。

位于索特留山大岩石的山脚、高度约350m处的布兰德庄园（en Buland）是东北朝向。葡萄树是1934年开始种植的老藤。

绝不会辜负您的耐心等待的葡萄酒

朱利安·伯伦 (右)
Julien Barraud
丹尼尔·伯伦 (左)
Daniel Barraud
1890年开始在维尔基松种植葡萄的伯伦一家，1954年出生的丹尼尔和妻子马丁一起在1982年开始进行自己公司装瓶。第五代继承人朱利安出生于1982年。在多个酒庄进修后，2006年开始进入了家族企业。

0
06
CHARDONNAY
▾
Pouilly-
Fuise

岩石脚下的勃艮第
首屈一指的坡地

普伊–富赛

WINERY | Daniel et Martine Barraud
丹尼尔·伯伦酒庄

普伊–富赛中诞生了一级园？

试饮了非常优秀的马贡（Mâconnais）的葡萄酒后，很单纯地产生了这样的疑问："为什么马贡中没有一级园？"马贡酒庄排名第一的是丹尼尔伯伦酒庄。标记着产地名字的5款普伊–富赛以"因为是马贡"的理由，在年轻时期打开的话，肯定会后悔。如果想让葡萄酒具有的充实味道充分发挥出来，就应该让其慢慢地沉睡在酒窖中。

从酒庄所在的维尔基松（Vergisson）村里，远远可以望到维尔基松崖（Roche de Vergisson）和索特留山（Roche de Solutre）这两处岩石堆。

整枝方法主要采用在马贡、博若莱常见的阿土尔抽样整枝法（Guyot Sample An Artur）。通过修剪的长度和摘芽来控制产量。

布兰德庄园 。土壤与金丘相比，是黏土含量多的黏土石灰质和泥灰土，属于侏罗纪晚期。含有氧化铁。表层土中小石头很多。

普伊－富赛使用228L和600L的橡木桶。选择了以达高（Dargaud）公司为主的，沙桑公司等4个橡木桶公司。

　　这个岩石堆脚下宽广壮丽的斜坡处正是普伊-富赛诞生的故乡。"表层土很薄，即使在普伊-富赛地区，这里也是能将土壤的个性最直接地体现在葡萄酒中的地方"。维尔基松的土壤，主要成分是从侏罗纪中期至晚期的黏土石灰质和泥灰土、混杂着和金丘相似的海百合石灰岩。加之高度的不同以及从东北朝向逐渐转为朝南的斜坡走向，让风土变得更加多姿多彩。

　　2005年开始全部采用有机栽培方法。总之，树龄高是伯伦酒庄的优势，所以移植以从古树采集的苗圃筛选法为中心，克隆选择96号、548号等。"首次尝试有机栽培方法是在1995年。表现风土的关键是坚持不懈的真挚的田间作业。"

　　标记产地名称的伯伦酒庄的普伊-富赛中，最庄严的是布兰德园。纯美的果香味、复杂的矿物质带来的悠长的余韵。远远凌驾于金丘一级园的水平之上。"生产者中，想在普伊-富赛成立一级园的动向也渐渐正规化。2012年春季向法国INAO（原产地名号研究院）提交需要的文件。"

　　园区的升级不是那么容易的事，真心地祈祷INAO能够给予这个风格正确的评价。

Part.3

加利福尼亚AVA揭示

霞多丽的奥秘

▼

本次采访的表现

AVA加利福尼亚
多样性的七大产地

加利福尼亚一直给人温暖的感觉，但会吸引太平洋吹来的冷风，加之海湾过来的雾气，很多地方早晚很凉爽。沿着复杂曲折的山脉和峡谷分布的产地，土壤构成丰富多彩，风土也是多种多样。

骑士谷（Knights Valley）

在骑士谷的卡利斯托加（Calistoga）和相邻的梅亚卡玛斯（Mayacamas）山脉的山脚开辟的高海拔的山腰处的产地，火山性的土壤。因为受从太平洋和圣巴勃罗湾这两个方向过来的冷风和雾气的影响，气候凉爽，但是由于地处高海拔，日照很强，葡萄可以慢慢地成熟。

卡内罗斯（Carneros）

位于纳帕和索诺马最南端的霞多丽传统产地，跨越了两个郡。直面圣巴勃罗湾，虽然受其影响很大，上午整个园区被雾气笼罩，很寒冷，但是比起俄罗斯河谷等索诺马的寒冷地区还是很暖和的。

俄罗斯河谷（Russian River Valley）

索诺马最具代表性的霞多丽产地。内陆变得炎热后，太平洋的冷气被引来，穿过海岸山脉的缺口佩塔卢马（Petaluma Gap），进入到俄罗斯河谷，所以气候寒凉。拥有一种叫作戈德里奇（Goldridge loam soil）的排水性好的沙质黏土层土壤。

利弗莫尔谷（Livermore Valley）

位于奥克兰东南部的广阔山谷间的丘陵地带，虽然比较温暖，但是风很大。土壤由火山性沙土、黏土、石头的沉积而成。100年前从法国带到这里的霞多丽，就是现在被广泛种植在加利福尼亚、人气很高的威迪克隆。

贝内特谷（Bennett Valley）

2003年通过AVA认定的狭小的区域。位于索诺马山北部的平缓丘陵处，圣巴勃罗湾、佩塔卢马、太平洋这三个方向过来的雾气正好在山谷汇聚，气候寒凉。除了有排水好的沙石黏土层，还有含有粗糙的石头和白垩的土壤，土壤成分丰富。

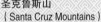

圣克鲁斯山（Santa Cruz Mountains）

沿着圣巴勃罗湾南部海岸的圣克鲁斯山脉开垦而成的产地。高度首屈一指，高的地方海拔达到800m，虽然日照很强，但由于受到从太平洋过来的冷雾气的影响，非常寒凉。因为位于北太平洋板块和内陆板块的断层上，地势很复杂，土壤成分也丰富多彩。

蒙特利（Monterey）

从蒙特利湾向东南方向延伸的广阔产地。因为沿着海边，没有可以遮挡风的丘陵，强风总是呼啸而过，雾气也直接吹入，很寒冷。土壤是花岗岩碎块较多的沙石地，排水好、土壤贫瘠，因而葡萄的生长受到了限制，香气得以凝缩，而且出现了热带地区的香气。

绝不强求自然的风土表现

本次采访中，无论哪个酒庄都在强调"表现风土"。通过四处寻访，实际走向田间地头，再次切身感受到了风的流动、土壤的不同，确实非常多样。

高品质霞多丽的种植，特别是在寒凉地区，其关键是海边过来的冷风和雾气。这次寻访的田地，无论是哪儿都形成了海风和雾气的通道，这些区域因为受温室效应的影响，据说现在的气温比以前更低了（因为内陆的炎热空气会吸引太平洋过来的冷空气，冷空气进入内陆更深了）。并且我们也深切感受到了生产者们的意识转变，从混合后生产特酿酒的波尔多式想法转变成了表现区域不同的勃艮第式的想法。

另外，近年来加利福尼亚全面推广可持续发展农业，选择适合土壤的克隆，推进天然的葡萄种植方式。就像转移到动力自然法的格吉驰黑尔酒庄（Grgich Hills）的伊冯Ivon说的那样，"每过一年，葡萄的风味都变得更加丰富"，田地的健全度在增加，葡萄的潜力也在上升，致力于风土表现的生产者也在增加。而且在酒窖中，采用天然酵母发酵和仅靠野生细菌的苹果酸乳酸发酵、减少新桶比率、不澄清、不过滤等，朝着发挥出葡萄本身特色的自然的方向努力。

因为过去对强劲、甜味的加利福尼亚的印象过于深刻，除了一部分的加利福尼亚葡萄酒爱好者之外，还有很多人对加利福尼亚的赤霞珠留有浓厚的印象。但是，由于加利福尼亚对时代的变化很敏感，因此各方面的变化速度非常之快。而且，霞多丽是个感受力很强的品种，所以能够直接地传达出细腻的风土本质。在感受风土的多样性的同时，可以再一次感受自然优雅的加利福尼亚霞多丽。

Column

加利福尼亚的霞多丽克隆

决定品质的其中一个要素便是克隆的选择。这次采访过程中，问及使用的克隆时，几乎所有的葡萄酒厂商脱口而出的都是"威迪克隆"。据说现在种植的加利福尼亚霞多丽中的八成是威迪。我们咨询了这个克隆的诞生地利弗莫尔谷的老字号葡萄酒厂威迪酒庄（酒庄的报道参照P151）"原本这个苗木，是威迪公司的第二代欧内斯特·威迪（Ernest Wente）拜托当时加利福尼亚大学戴维斯分校（Davis）的首届毕业生中的法国朋友，从蒙彼利埃大学带过来的。花费了40年培育这个苗木，最好的植株被选为了威迪克隆。这就是威迪克隆的起源，也被叫作'旧威迪'。并且，这个旧威迪在公认的霞多丽培育基地圣赫勒拿岛的路易斯马提尼（Louis Martini）公司自行培育后，再次拿到加利福尼亚大学戴维斯分校（UC Davis）进行热处理后变身成为加利福尼亚大学戴维斯分校的克隆2、4、5号。现在已成为不仅美国国内，在全世界也非常普及的、众所周知的克隆。另外，与旧威迪相区别的'新威迪'大约在60年前就出现了。旧威迪在加利福尼亚大学戴维斯分校进行了改良和热处理。因此，可以证明是无病毒的。"

20世纪70年代，在南蒙特利（Monterey）的阿罗约塞科（Arroyo Seco）的育苗场，新威迪被广泛种植，进而扩大到了加利福尼亚各地。现在克隆不断衍生出新品种，因此，存在着很多种类型的苗木。

CHARDONNAY
▼
Knights
Valley

01

好似匍匐在山脊上的
广袤高海拔产地

骑士谷

WINERY | Peter Michael Winery

彼特麦克酒庄

▲
在酒庄拥有的森林中，很多野生动物在此繁衍生息，利用自然地形，将森林的一角开垦出来，栽培霞多丽。各个区域的坡度和朝向的不同一目了然。

▲
贝勒库尔因旁边有森林的遮挡，葡萄可以慢慢成熟。考虑到环境，采用了可持续发展的栽培方法。

亲自开垦的山麓上产地的独创性

穿过亚历山大谷前往位于索诺玛东北部的骑士谷，葡萄田慢慢地消失，风景变化成郁郁葱葱的树林。在靠近纳帕谷最北端的卡利斯托加的山腰上的高海拔产地骑士谷，安静地伫立着彼特麦克酒庄。

原来是牧场的这块260hm²、广袤的土地上，俄罗斯河的支流流入，耳畔回响着鸟儿叽叽喳喳的鸣叫声，感觉我们好像是来郊游的。继续驱车沿水库旁的陡坡山道前行，眼前豁然出现了一片自然地形保持完好的、好像匍匐在山脊上的葡萄园。霞多丽的田地位于海拔365~600m的最高处，圣赫勒拿岛山就伫立在眼前，波澜壮阔的景色绝无仅有。

站在田间，瞬间感受到一股凉意。"从西面50km外的太平洋吹过来的冷风经过这片葡萄园，之后通过圣赫勒拿岛旁边的山脉的缺口，一直流入内陆的莱克县（Lake County）。直接遭遇冷风的霞多丽的田地虽然很寒凉，但是赤霞珠生长的地方位于下方，没有风很温暖。相邻的田地种植着完全不同的葡萄，这就是彼特麦克的独特之处。"市场总监彼得·凯（Peter Kaye）说道。

霞多丽的4个区域内，海拔、坡度、朝向都各不相同。由圣巴勃罗湾北上的寒冷雾气并没有扩散到整个葡萄园，雾气到不了的区域因为不受影响，所以很温暖。而且，裸露出粗糙的白色岩石的卡瑞尔（La Carriere）、沉积土较多的贝勒库尔（Bellecourt）等，风土的决定因素非常多彩。尊重自然的本来面貌，根据细分化的风土区分开的田地的景色，有种勃艮第的特级园的感觉。难怪意大利人彼特·麦克会迷恋上这块地。

卡瑞尔的海拔高度为365~518m，紧接着上面就是贝勒库尔。朝向为南面到东南，最大坡度超过40°。1994年开始种植葡萄树。

孕育出紧致风味的陡坡上的卡瑞尔

卡瑞尔意思是"碎石场"，因为斜坡很陡，所以表层土流失得很严重，白色的岩石碎块覆盖了整个葡萄园。排水性好是其特征。

带来温和的凝缩感的平缓的贝勒库尔

土质是掺杂着从葡萄园深处的森林斜坡上冲积下来的火山灰的细腻干爽的土壤。贝勒库尔的表层土很厚，可以很好地保持水分。

克隆、砧木的选择从创业伊始就不断在改良。卡瑞尔园中，法系的第戎60％，美系的海德（Hyde）26％，Schi14％。田垄间的杂草茂盛。

海拔高度518~550m，南至东南走向，是比较平坦的区域。1990年开始种植。克隆品种旧威迪和由威迪衍生出的Schi、Rudo各占1/3。

我们要保持这块田地的生态100年以上，甚至直到下一个世纪，彼得·凯说道。酒庄内的建筑也好像和自然融为了一体。

彼特麦克美女霞多丽干白葡萄酒2009（左）
Ma Belle Fille 2009

彼特麦克怡悦霞多丽干白葡萄酒2009（右）
Mon Plaisir 2009

海拔高度518~579m，朝向南面、东南方向的斜坡上的美少女（Ma Belle Fille）基本上和卡瑞尔是同样的土壤，因为海拔高，雾气到达不了，所以很温暖。散发着苹果派、杏仁、百合、香草的香气，饱满，但内部细致地融入了矿物质感和酸度的优雅的酒体。怡悦园和贝勒库尔一样，沉积物多、地势平坦。所有的葡萄酒都采用整串压榨，利用天然酵母在法式橡木桶中发酵，100%利用自生细菌MIF发酵，一周进行一次酒渣搅拌，不澄清、不过滤，直接装瓶。

彼得·凯
Peter Kay
销售和市场经理。曾担任纳帕的高级酒店太阳山庄（Auberge Du Soleil）的酒品总管。

　　走在田间，品尝各个区域的葡萄酒，坡度大且表层土很薄的卡瑞尔有种紧绷的矿物质感，另一边，由位于平地、土层厚，由旁边的森林冲积土堆积形成的贝勒库尔则充满了醇厚的凝缩感。葡萄酒的风味和土地的印象巧妙地一致，仿佛透过玻璃杯欣赏到了葡萄园的美景。

　　"保持环境的同时，表现风土"这个从创业时就一直贯彻的酿酒哲学，从第一代酒庄主海伦·戴利（Helen Turley）开始就有所体现。基本方针一直传承到第五代，现在的酒庄主尼古拉·贝利（Nicolas Pelé），仍在致力于追求更加高的质量。1983年的创业初期到现在一直在不断进行着各种改良，最大的改良就是发酵。以前使用人工酵母，现在只使用天然酵母。

　　使用位于高海拔、坡度大的山腰处火山性的土壤的葡萄园里慢慢成熟的葡萄，通过自然的传统方法酿造的葡萄酒，都有着优质的果香味和柔软的酸度，散发着好似眼前的壮阔景色鲜明地在脑中复苏的伟大灵气。但是，"并不是没有意识到勃艮第，只是没有打算去模仿"。我们的目标终究还是表现骑士谷的风土。

通过顶级葡萄表现多彩的风土

在众多的霞多丽生产者的阵容中被大家所熟知的雷米酒窖。将原产地命名系列的索诺玛海岸和俄罗斯河谷相比较，前者清新，后者丝滑，虽然都属索诺玛，但是很明显存在细节差异。"如果用法国产地来做比喻的话，寒冷、收获时期最晚的索诺玛海岸就是夏布利，俄罗斯河谷虽然寒冷，但是有点圆润，所以是金丘。"大卫说道。原产地系列相当于勃艮第村以村名命名的葡萄酒，葡萄都来自杰出的名酿田。以从佩塔卢马过来的寒冷海风和戈德里奇土壤（排水性好沙质黏土层）为特点的俄罗斯河谷，鲁奇奥尼（Rochioli）、马蒂内利（Martinelli）、达顿园（Dutton Ranch）等，无论是哪个园区都能生产出超一流的葡萄。

另外，单一葡萄园系列的里奇（Ritchie）葡萄酒只使用1972年种植的威迪克隆。"即使是同一处田地，小树和收成多的克隆的葡萄也都被纳入了原产地系列"。最高品质的葡萄通过著名酿造家之手，升华为拥有鲜明风土个性的、精致的葡萄酒。

02

CHARDONNAY
▼
Russian
River Valley

受海风的影响，索诺玛
屈指可数的寒冷产地

俄罗斯河谷

WINERY | Ramey Wine Cellars

雷米酒窖

右上图片说明：将各个混酿酒放入不锈钢酿造罐中混合。将其放回橡木桶中时，为了防止氧化，会使用干冰。MLF结束后添加SO_2。

海德园霞多丽干白葡萄酒2009（右）
Chardonnay Hyde Vineyard 2009

里奇园霞多丽干白葡萄酒2009（左）
Chardonnay Ritchie Vineyard 2009

单一葡萄园中，50%采用弗朗索瓦兄弟（François Frères）或戴普斯（Demptos）的新桶，剩下的采用旧橡木桶进行天然酵母发酵。100%MLF、经过19个月的陈酿后，不过滤直接装瓶。里奇的有张力的酸度给人印象深刻，余韵如羽毛般轻盈。另一方面，卡内罗斯的铭酿田海德园有着蜂蜜和蛋奶布丁的华丽香气、富有力量和黏度的醇厚的优雅风味。前者气候较为寒凉，土壤为排水很好的戈德里奇土壤，后者则为重土壤。比较两种葡萄酒后，就会发现明显的不同。

大卫·雷米
David Ramey

在多明纳斯（Dominus）、白垩山（Chalk Hill）、拉德（Rudd）等著名酒庄担任酿酒师后，1996年成立自己的葡萄酒厂。从早期开始就采用勃艮第传统的酿造方法，将加利福尼亚熟透的葡萄通过新勃艮第风格来细致地表现。

位于索诺玛北部的生产车间在希尔兹堡的中心区域附近建立了酒窖。现在仍设有自己的葡萄园，从多个产地的优秀农家那里收购最高品质的葡萄。

不愧是有着30多年的酿酒历史且拥有著名酿酒师的酒庄，没有浪费，一切都得心应手。酒窖明亮、干净。

大约7年前开始采用可持续发展农业作业方法。田垄间套植着以豆科植物为主的各种各样的有益的杂草。

这块土地独特的细腻果香味的表现方法

位于索诺玛山北部的贝内特谷是索诺玛最新的AVA。沿着贝内特山脚下远离村落的恬静的乡间小路走上去，在平缓的斜坡上孤零零地伫立着马坦萨斯溪酒庄。

"贝内特谷最大的特点是从圣巴勃罗湾、佩塔卢马、太平洋三处过来的寒冷雾气汇聚在此。受此影响，有着与俄罗斯河谷很相似的寒冷气候。"酿酒师玛西亚（Marcia Monehan）说道。斜坡上的田地土壤类型呈现出多样化，有碎石多的区域、排水很好的沙地，还有含有白垩土的土壤。1999年开始在肯德·杰克逊（Kendell Jackson）管辖下的马坦萨斯溪工作，允许从广阔的田地里挑选好的葡萄，剩下的葡萄则供应给同管辖下的葡萄酒厂。"虽说由于选择的克隆种类不同也会有差别，但是在寒凉气候下慢慢成熟的葡萄，其香气稳定、细腻。为了不失去精致的芳香，需要特别注意橡木桶的使用方法。"两年前开始担任酿酒师的玛西亚（Marcia）就任后，延迟采收期，只用天然酵母发酵，将以前两周一次的酒渣搅拌减为一个月一次，希望让果香味更突出一些。无论哪款葡萄酒都散发着透明质感和清爽的感觉。

马坦萨斯溪贝内特谷霞多丽干白葡萄酒2009（左）
Chardonnay Bennett Valley 2009
索诺玛霞多丽干白葡萄酒2009（右）
Chardonnay Sonoma County 2009
贝内特使用的克隆是有着柔软质地的威迪克隆。白色花朵和酸橙、青菠萝等优雅的香气，矿物质感的果香味安详地扩散开来，多汁的优质品。用4号克隆酿造的索诺玛飘散着柑橘、矿物质、苹果蜜饯的香气，干净清爽，之后奶油般润滑感油然而生。贝内特产霞多丽的特征是"柑橘和百合的香气、矿物质、有种咸咸的味道"。

03

CHARDONNAY
▾
Bennett Valley

三个方向过来的雾气交织而成寒冷的风土

贝内特谷

WINERY | Matanzas Creek Winery
马坦萨斯溪酒庄

玛西亚
Marcia Manahan-Torres
智利人。作为就业体验，曾在加利福尼亚待过1年，1998年再度留美。曾就职于卡迪耐尔（Cardinal）酒庄、石街酒庄（Stonestreet），后来进入了马坦萨斯溪酒庄担任酿酒师。追求的风格是"有凝缩感的，像歌剧一样的协调的葡萄酒"。

起雾后仅仅10分钟，视野就会完全模糊。霞多丽的园区有10个，使用其中5个优秀的区域的葡萄来酿酒。

04 ①

CHARDONNAY
Los
Carneros

称霸纳帕南端的霞多丽的圣地

卡内罗斯

WINERY | Grgich Hills Estate

格吉弛黑尔酒庄

传说的男人一贯坚持的公司风格

加利福尼亚葡萄酒最辉煌的时刻是1976年巴黎盲品会上的对决。酿造出了白葡萄酒领域第一名的熠熠生辉的传奇葡萄酒——蒙特利纳（Chateau Montelena）霞多丽1973的正是这个男人迈克·格吉弛（Mike Grgich）。成立自己的酒庄是在1977年。从创业伊始就秉承的、从未动摇的风格是具备优雅、和谐、均衡的葡萄酒。"就算是在纳帕寒冷的卡内罗斯，但遗憾的是，想要在加利福尼亚酿造出酒精度数在14%以下的葡萄酒却很难。不过，我想通过酸度和矿物质感，尽可能酿造出让人感觉不到酒精的葡萄酒。"迈克的外甥伊沃（Ivo）说道。其中的手段之一便是提早收获和无MLF发酵。

另外，受尼古拉·卓利（Nicolas Joly）的讲演的启发，2006开始所有的葡萄园实行自然动力法。实行后，土壤的平衡得到改善，每年葡萄的香气都会更浓，果汁的酸度也上升了。曾经还需要进行补酸，现在不需要了。

2009年的纳帕谷霞多丽，有着柑橘般的清爽香气和细致的酸度。田地的土壤是黏土质的沙质黏土层，虽然没有石灰石，却有着矿物质般的韵味。"应该是没想到酒精度数会有14.4%吧？"在这个火力全开的霞多丽被交口称赞的时代，显得很小众的这款葡萄酒，应该完全符合现代人的嗜好吧。

发酵时同时使用5000L的法式橡木桶和小橡木桶。"大橡木桶带来纯正的果香味和矿物质感，小橡木桶则是激发出了纹理。"

格吉弛黑尔卡内罗斯精选霞多丽干白葡萄酒2007（右）
Chardonnay Carneros Selection 2007
纳帕谷霞多丽干白葡萄酒2008（左）
Chardonnay Napa Valley 2008
使用卡内罗斯和美国峡谷出产的葡萄的纳帕谷，飘溢着橙子和白色花朵的香气，润泽的妙味好像慢慢地渗透到身体里一样。使用法式橡木桶陈酿10个月（新桶比例40%）。卡内罗斯霞多丽使用的是树龄23年的旧威迪克隆，法式橡木桶陈酿12个月（新桶比例70%）。之后移至不锈钢酿造罐继续6个月的酿造。杏色酒体和适中的橡木桶香气让人心情愉悦，细腻安详的果香味。充分陈酿后再出厂也是该公司的方针。

从9年前开始，橡木桶陈酿使用的是法国产的智能橡木桶（Oxo Line Racks）。通过旋转橡木桶可以防止氧化，同时又有着和酒渣搅拌同样的功效。

伊沃
Ivo Jeramaz
为看望克罗地亚移民而来的伯父迈克·格吉弛，1986年从原南斯拉夫来到了法国。曾经是机械工程师的他，"被伯父引领走上了葡萄酒酿造之路！酿造都是伯父的真传"。现在已经88岁的迈克当然还是现役。

蛋形的混凝土发酵槽。为了强调矿物质的特性，在2009年份的卡内罗斯霞多丽中初次使用。

罗布·斯威尼（右）
Rob Sweeney
詹姆斯·克雷斯（左）
James Kress
扬特维尔（Yountville）的西尔维拉多铁路（Silverado Trail）沿线有一处酒庄。1985年从事酒店生意的斯威尼家购买了这片土地，当得知这里以前曾是个酒庄，便萌生了复兴的想法。酒庄的田地里种植着赤霞珠等黑葡萄。

柯利弗私人珍藏霞多丽干白葡萄酒2009（中）
Proprietress Reserve Chardonnay 2009
卡内罗斯第戎霞多丽 95 2009（左）
Los Carneros Chardonnay-Dijon Clone 95 2009
卡内罗斯霞多丽2009（右）
Los Carneros Chardonnay 2009
田地里的分区域种植着7种克隆，根据年份进行不同比例的混合，生产着3种葡萄酒。陈酿用的橡木桶根据产地、烘烤程度等不同，使用了12～14种。第戎克隆95号有着顺滑的质地和苹果般的新鲜感。一般的特酿酒（NORMAL・CUVEE）是优雅的果香味和烘烤味相互融合，丝滑且细致。私人珍藏优雅地散发着柑橘、苹果、奶油布丁的香气。酸度细致地融入其中，非常集中。

决不妥协的对细节的执着追求

柯利弗酒庄在卡内罗斯拥有的霞多丽园区只有仅仅不到5ha。"大多数的大企业都委托管理公司经营，但是我每天会去地里。为了追求高品质，我想倾入更多精力在田地里。"罗布（Rob）说道。的确，老板每天亲自去田地里估计是很少见的。

种植霞多丽是在1999年，在此之前拜托专门的顾问公司对土地的成分进行了科学的研究。分析多方面的数据，完善了自主设计的地下排水管道和地上的灌溉系统。现在通过卫星拍照了解葡萄树的生长状态，彻底营造统一的葡萄生长环境。"现在纳帕的地价很贵，不允许失败。在加利福尼亚进行科学的研究的酒庄应该很多。"

不妥协的姿态在酒窖中也是一样的。为了追求完美无瑕的霞多丽，每年都会根据葡萄的状态进行酿造。"我们的职责是照看、辅助葡萄达到最好状态。"酿酒师詹姆斯（James）说道。往年霞多丽产量为2500箱，但是在气候恶劣的2011年，经过严格挑选后的结果，仅仅只有200箱。正是因为无与伦比的对细节的执着追求，才诞生了高贵的葡萄酒。

CHARDONNAY
Los Carneros

04

②

孕育出复杂且高贵的葡萄酒

卡内罗斯

WINERY | Vine Cliff Winery
柯利弗酒庄

大量的调查分析资料。细致调查园区内多处地方的地质、pH、细菌的种类等。根据结果，决定区域划分，种植最合适的克隆。

威迪克隆诞生地的风土

威迪酒庄位于奥克兰东南部的丘陵地带利弗莫尔山谷，已经利用广袤的自有葡萄园里的葡萄进行了一个多世纪的葡萄酒生产活动。"这一带在远古时期，曾是一片内海。因为土壤多是黏土和石头沉积成的土壤，通常被认为是火山形成的。"第四代主人艾里克（Eric）介绍说。现在在蒙特利的阿罗约塞科（Arroyo Seco）处也拥有葡萄园，其中两处田地种植着霞多丽，两者对比来看利弗莫尔土壤坚硬，而干燥清爽的轻薄沙石土壤中的阿罗约塞科却有种热带地区的韵味。一想到现在占据加利福尼亚霞多丽一大半的威迪克隆就是在此处诞生的，就会无限感慨。

05

CHARDONNAY
Livermore
Valley

圣巴勃罗湾东南部的温暖的丘陵地

利弗莫尔山谷

WINERY | Wente Family Estates
威迪酒园

艾里克·威迪
Eric Wente

自创业已是第129个年头的威迪酒园是美国最古老的家族经营酒庄。今年也是威迪克隆诞生100周年纪念。第四代主人艾里克的儿子卡尔（Carl）也担任酿酒师。

威迪酒庄晨雾霞多丽白葡萄酒2010
Morning Fog Chardonnay 2010

使用利弗莫尔山谷产的葡萄，同时采用不锈钢发酵罐和古橡木桶酿造，一部分实施MLF。和苹果蜜饯、坚果、强烈的香气一起扩散开来的柔和的果香味，酸度溶入其中令人心情愉悦，百喝不厌。威迪追求的风格是"饱满中带有酸度，能够搭配任何料理的、均衡的葡萄酒"。

每天都在不断地研究改良葡萄树的整枝方式等田间管理。相邻的餐厅和高尔夫球场也在接受认证。

严酷的自然环境下培育出的蒙特利的个性

驱车行驶在到处都是防风林的广袤田地中，登上平缓的山丘之顶，都被强劲的风力吓了一跳。"南面的帕索罗布尔斯（Paso Robles）变得炎热后，蒙特利湾过来的冷风会流向内陆。这里正好是它的通道，总是刮着强风。"当时速超过24km的强风吹过后，葡萄会停止生长，所以必须设置防风林。和纳帕的黏土质的沙质黏土层不同，它是有很多石英石碎块、干爽的、排水很好的土壤。"蒙特利的特征是热带地区的芳香。"斯科特（Scott）说道。和北海岸（North Coast）不同的空灵的韵味就是从这个风土中诞生的。

06

CHARDONNAY
Monterey

这块土地特有的芳香

蒙特利

WINERY | Estancia
埃斯坦西亚酒庄

斯科特·凯利
Scott Kelley

总经理兼酿酒师。有着从啤酒师转行为酿酒师的奇特经历。以前就职于蒙大菲酒庄（Mondavi），在意大利和澳大利亚也积累了经验。

蒙特利珍藏2007（左）
Monterey Reserve 2007
蒙特利尖顶牧场2010（右）
Monterey County Pinnacles Ranch 2010

尖顶牧场同时采用橡木桶和不锈钢酿罐，采用无MLF的酿造。珍藏款采用橡木桶陈酿，仅有一半进行MLF。陈酿时使用少量与之投缘的带有热带香气的美式橡木桶。特征是有股凤梨的香气。

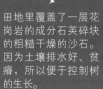 

田地里覆盖了一层花岗岩的成分石英碎块的粗糙干燥的沙石。因为土壤排水好、贫瘠，所以便于控制树的生长。

07

CHARDONNAY
Santa Cruz
Mountains

山中田地的严酷特殊
气候和复杂地形

圣克鲁斯山

WINERY | Thomas Fogarty Winery & Wineyards

托马斯福格蒂酒庄

高海拔葡萄园酿出的优雅

从圣巴勃罗湾出发，沿着太平洋驱车南下大约40分钟，进入圣克鲁斯山脉的蜿蜒山道，不知从哪儿吹来了雾气，瞬间视野被遮蔽了。终于到达海拔为490~700m的葡萄园。站在田间，明显感受到从大海方向吹过来的雾气被不断地吸进来。

位于大陆板块和太平洋板块的断层上，有着复杂地形和多样性土壤的AVA圣克鲁斯山。

酒庄主托马斯福格蒂（Thomas Fogarty）特别选择了这块高海拔的、严酷气候的田地，1981年创建了葡萄酒厂。开垦森林而来的葡萄园只有仅仅8.5ha，其风土条件非常多

波尔图之春因为接受不到夕阳照射，不会过于干燥，因而大多不需要灌溉。登上斜坡的顶部，如果是晴朗的天气，还会眺望到16km外的大海。

米歇尔·玛黛拉（中）
Michel Martella
汤米·福格蒂（右）
Tommy Fogarty
内森·坎德勒（左）
Nathan Kandler

创始者托马斯福格蒂是发明了导管的著名的心脏外科医生。儿子汤米也作为第二代在酿酒界小有名气。从1981年创业时开始担任酿酒师的米歇尔，和在加利福尼亚、巴萝沙山谷积累了经验的内森一起，正在专心研究。

托马斯福格蒂奥布通园霞多丽干白葡萄酒2007（左后）
Chardonnay Albutom Estate Vineyard 2007
托马斯福格蒂波尔图之春园霞多丽干白葡萄酒2007（前）
Chardonnay Portola Springs Estate Vineyard 2007
托马斯福格蒂兰利山园霞多丽干白葡萄酒2007（右）
Chardonnay Langley Hill Estate Vineyard 2007
托马斯福格蒂达米阿那园霞多丽干白葡萄酒2007（左前）
Chardonnay Damiana Estate Vineyard 2007

最陡峭的斜坡上寒冷的波尔图之春有着硬质的构造和优雅。土壤含有红色岩石成分的兰利山拥有灵动的酸度和透明的酒体。气候温暖、土壤肥沃的达米阿那构造饱满、细腻紧致、张弛有力。不足0.4hm²的奥布通有着如西番莲的柔美。各款葡萄酒均行整串压榨、橡木桶发酵［只有达米阿那（Damiana）新桶比例100%，其余为50%］，两年的瓶内陈酿后再销售。

霞多丽的田地一共分成四块区域，共5ha，每年的产量为3000~4000箱。过去曾定期地进行酒渣搅拌，现在已经不实施了。

在田地里发现了含有淡绿色岩石的土壤。据说绿色的石头含镁很多。有的地方还有红色的石头，地质很丰富多彩。

姿多彩。位于蜿蜒的斜坡上的葡萄园，朝向和坡度自不用说，土壤类型也很丰富，收获的时机甚至会相差6周。"理解这块土地，最重要的是记住这里是山区。平地和山上的植被不一样，所以土壤中的细菌也不同。而且，虽然风很大很寒冷，但是很多区域海拔高于雾气所在的位置，因此能够接受到强烈的光照，光合作用产生的芳香非常充足。最为重要的是这是一块未被开垦过的土地，所以土壤结构很健全。"从创业初期开始已经担任了30年酿酒师的米歇尔说道。园区里的葡萄基本上都是创业时种植的。"当时由于克隆的种类和信息很少，所以只种植4号克隆，整枝方式也采用过去的方法。虽然对威迪克隆、高密度种植也有兴趣，但是现在树龄是最重要的。"

试饮了四个区域的葡萄酒，深深折服于其不同于一般加利福尼亚葡萄酒的端庄典雅。多么纯净的、细腻的葡萄酒啊。在强劲型葡萄酒的全盛时代，曾被强行频繁地进行酒渣搅拌，但如果拥有结实的本质的话，洗去铅华的素颜之美也是无往不胜的！通过试饮我们再一次切实感受到了加利福尼亚霞多丽的博大胸怀！

Part.4

由产地看日本的

霞多丽

在酿酒用的葡萄中，栽培面积最大的就是霞多丽。虽然在日本的种植历史很短，但是也反映出了该品种的适应能力，栽培地遍布全国各地。今后，种植面积将会继续扩大。

据推测正式栽培霞多丽是在1981年以后。实际上其栽培面积的扩大要比梅洛、赤霞珠晚得多，大约在进入到20世纪90年代以后。但是，之后霞多丽的人气持续上升，现在已跃居日本葡萄酒用的葡萄的栽培面积第一位，超过了梅洛。各地栽培的根株的祖先和其他的欧洲系的品种一样，基本都是在20世纪80年代以后由各个公司引进的无病毒品种。

与赤霞珠一样（参考P112），霞多丽也在1935—1937年由山梨县的葡萄酒厂、佐藤屋从法国的蒙彼利埃大学和种苗公司引进的大约80种穗木中的一种。另外也有认为是1955—1956年，三得利为了对当地葡萄产业做出贡献，在设立山梨葡萄专修学校和寿屋葡萄研究所时，从包括加利福尼亚大学戴维斯分校在内的国内外研究机构收集来的品种。1968年，万滋葡萄酒开始在山梨县的万寿农场进行该品种的试验种植（苗木出自山梨葡萄专修学校）。之后，1981年，各个公司开始引进穗木，正式进行种植。作为先行者，莫西亚城堡酒庄1975年在福岛县，武田葡萄酒厂20世纪70年代在山形县，开始了霞多丽的种植。

霞多丽和其他红葡萄酒用品种不同，从北海道到宫崎县，从南到北，被广泛种植（但是，山梨以南地区有的酒厂会进行补酸）。最令人瞩目的是在长野县，2000年以后，面积扩大了3倍多，增长速度惊人。和北海道一样，新葡萄园不断开园，今后也将迅猛增长。

整枝方法也采取大棚种植，但是篱笆式为主流。棚栽主要采用一字短梢和H字短梢。2000年后半期以后，除大公司以外，整枝法也出现了选择克隆种植的葡萄酒厂。

主要的葡萄酒厂商

北海道葡萄酒、农乐藏、武田酒庄、酒井酒庄、高畠酒庄、可可农场和酒庄(Coco Farm & Winery)、小布施酒庄、井筒葡萄酒、东方别墅酒庄、神之水滴酒庄（rue de vin）、城户酒庄、莫西亚城堡酒庄、三得利登美丘酒庄、札幌葡萄酒、Grace 葡萄酒、原茂葡萄酒、神户葡萄酒、北条葡萄酒、奥出云葡萄酒、熊本葡萄酒、都农葡萄酒、安心院葡萄酒工作室等。

"Aki葡萄园"的霞多丽均采用篱笆式整枝法。基本上是剪掉过长的侧枝。垄间距2.5m，树间距为1m。

桔梗原上部的表层土是沉积物丰富的黑土。"通过持续的杂草种植，土壤也生成了块状构造。"城户说道。

根植于自有葡萄园的微型葡萄酒厂

长野

WINERY | Kido Winery

城户酒庄

    沿着长野机动车道在盐尻立交桥下桥后，沿国道19号线向西南方向驱车行驶7分钟左右，突然左右的街市消失，变换成一幅广阔的葡萄田的景象。这里就是著名的葡萄产地桔梗原。

    桔梗原是奈良井川经历了50万年的岁月形成的河岸丘陵。狭义的桔梗原，指的是右岸河岸的河岸丘陵上部中的一部分。但是，最近多将河川两岸的上、中、下段整个这一带都称为桔梗原。城户亚纪人成立的城户葡萄酒厂和自有农园位于这个河岸段丘陵的上段比较宽阔的区域。田地的西侧紧挨着很多小山。园区基本为平地，只有偏北的地方有一些坡度。

盐尻的寒冷气候和肥沃适中的土壤孕育出来的味道

2003年，城户在创建酒庄之前，就已经在开垦葡萄园。曾经的苹果园被规划成娱乐休闲的区域，当时土壤非常坚硬。种植时不撒除草剂采用草生栽培方式，一直将葡萄压榨后的渣滓撒到田地里。走在葡萄园中，土壤很松软，好像每走一步，鞋子都会陷进去一样。

桔梗原作为梅洛的名酿地被人们所熟知。为什么城户在这里种植霞多丽呢？

原因之一便是这里有肥沃适中的土壤。桔梗原上段的宽阔区域，和小石块很多的下段相比，是有机物沉积的火山灰性土壤。相比其他地方，要肥沃些。"稍微肥沃的土壤中种植的霞多丽，味道更加丰富，余味更加悠久。'城户私人定制的霞多丽'能感受到的分量感、凝缩度和黏稠质感均来自于盐尻的土地。"

另一个原因便是桔梗原的气候。葡萄园一带的海拔高度达到740m。属于内陆性气候，夏天到秋天期间，白天的气温上升，夜晚的气温又会陡然下降。特别是过了9月下旬，夜间的气温会非常低，有时

从2004年开始，每年都将葡萄压榨后的渣滓撒到田地里。"我想让原本田地里的东西还回归到田地里，循环再利用。"

2012年购入的意大利Defanlenchesuki公司的压榨机。鼓的内侧非常光滑，不会过度损伤果皮。

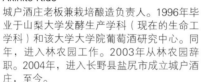

城户酒庄的红葡萄酒评价也很高。红葡萄酒的旗舰品牌ProjectK（梅洛100%）只在好的年份才会推出。

城户亚纪人
Akihito Kido

城户酒庄老板兼栽培酿造负责人。1996年毕业于山梨大学发酵生产学科（现在的生命工学科）和该大学大学院葡萄酒研究中心。同年，进入林农园工作。2003年从林农园辞职。2004年，进入长野县盐尻市成立城户酒庄，至今。

霞多丽的发酵在1000L的小不锈钢酿酒罐中进行。除梗破皮后进行低温澄清。

酒庄成立于2004年。除了霞多丽，还种植着梅洛、赤霞珠、黑皮诺、灰皮诺等。

甚至跌破10℃以下。因此，可以收获到糖分和酸度两者都兼备的葡萄。

"在比较寒凉且土壤类型丰富的盐尻地区，我认为最能发挥个性的品种就是霞多丽。"城户重复着说道。

采访当时的2012年，树龄已有9年。"听说霞多丽最重要的就是树龄，风味明显地不一样了。"城户说道。"但是，在芳香方面却没有看到多大变化，糖分、酸度的数据也没有变化。但是，树的长势多少稳定下来，含在嘴里时的味道比以前更有凝缩感，好像产生了深度。"城户接着说道。

关于酿造工艺方面，2007年开始改成利用天然酵母发酵。不去控制发酵温度，但也会留意不让温度过低。当初使用天然酵母发酵时多少有些担心，实际上试着发酵后，香气中产生了立体感和深度，而且纹理也变得明显圆润了。

一直采用契约农家的葡萄酿造的一级赤霞珠于2012年停止了发售。农家老龄化后退休也是原因之一，城户并没有去寻找新的农家，而是选择扩大了自有葡萄园。已经开始在3处自有葡萄园中进行种植，预计3年后，私人霞多丽的产量会增加到原来的3倍。

反映出盐尻风土的凝缩的、丰润的果香味和美妙、温和的酸度

橡木桶主要是Le Mont制。利用远火长时间烘烤的中等烘烤程度。酿造出的葡萄酒正像城户说的"优雅、甜美蜂蜜般的香气"。

住在长野县饭田市的版画家今村由男先生的作品，《黄道十二星座》的山羊座。城户酒庄的酒标是根据今村作品来设计的。

城户个人珍藏霞多丽2009（左）
Kido Private Reserve Chardonnay 2009
城户个人珍藏霞多丽2010（右）
Kido Private Reserve Chardonnay 2010
2009年份酒非常饱满、有品格、有魅力。不逊色于橡木桶风味的醇厚的果香味。让人感觉到凉爽气候的、悠然自得的酸度。芳香醇厚、令人回味无穷。2010年份酒虽没有2009年份酒的水平，但是仍然存在着馥郁的果香和丰富的酸度不容小觑。切实感受到了盐尻的可能性。在酒精度数达不到13%时会补充糖分。进行除梗破碎。实施低温澄清。直到2011年，压榨都需要花上6小时，在此过程中果皮成分自然就被去掉了。采用天然酵母发酵。基本上不进行补酸，但2012年实施了。预计每年8月上市。（不接受预约）

附录

意大利地产品种
葡萄手册

— Italian Grape Varieties —

在接下来即将登场的100种当地品种中，我们选择了其中的69种葡萄的照片大批量公开！让我们参照品种说明，充分发挥想象力，想象一下丰富多彩的当地品种酿造的葡萄酒的风味吧。

北部 ↓

P162
瓦莱达奥斯塔大区（Valle d'Aosta）
科娜琳/奥斯塔科娜琳
Cornalin

P163
皮埃蒙特大区
阿内斯
Arneis

P163
皮埃蒙特大区（Piemonte）
法沃里达
Favorita

P162
瓦莱达奥斯塔大区
小奥铭
Petit Arvine

P163
瓦莱达奥斯塔大区
富美
Fumin

P163
皮埃蒙特大区
柯蒂斯
Cortese

P163
皮埃蒙特大区
迪莫拉索
Timorasso

P162
瓦莱达奥斯塔大区
白布里耶
Prié Blanc

P163
瓦莱达奥斯塔大区
小胭脂红
Petit Rouge

P163
皮埃蒙特大区
黎明
Erbaluce

P163
皮埃蒙特大区
多姿桃
Dolcetto

皮埃蒙特大区
弗雷伊萨
Freisa
P163

特伦蒂诺-上阿迪杰大区
白曼左尼
Manzoni Bianco
P164

特伦蒂诺-上阿迪杰大区
（ Trentino-Alto Adige ）
特洛迪歌
Teroldego
P165

利古里亚大区（ Liguria ）
皮加图
Pigato
P166

皮埃蒙特大区
格丽尼奥里诺
Grignolino
P163

特伦蒂诺-上阿迪杰大区
诺西奥拉
Nosiola
P164

威内托大区（ Veneto ）
卡尔卡耐卡
Garganega
P166

艾米利亚-罗马涅大区
（ Emilia-Romagna ）
阿巴娜
Albana
P167

皮埃蒙特大区
汝拉
Uva Rara
P164

特伦蒂诺-上阿迪杰大区
勒格瑞
Lagrein
P164

威内托大区
维斯派拉
Vespaiola
P166

艾米利亚-罗马涅大区
蓝布鲁斯科
Lambrusco
P167

皮埃蒙特大区
维斯琳娜
Vespolina
P164

特伦蒂诺-上阿迪杰大区
瑞博
Rebo
P164

威内托大区
科维纳/科维纳维罗纳斯
Corvina Veronese
P166

中部
↓

伦巴第大区（ Lombardia ）
伯纳达（科罗帝纳）
Bonarda (Croatina)
P164

特伦蒂诺-上阿迪杰大区
司棋亚娃
Schiava
P164

利古里亚大区
博斯克
Bosco
P166

托斯卡纳大区（ Toscana ）
维奈西卡
Vernaccia
P167

P167 托斯卡纳大区 阿利蒂科 Aleatico
P168 马尔凯大区（Marche） 拉奎马 Lacrima
P169 阿布鲁佐大区（Abruzzo） 蒙特布查诺 Montepulciano
P169 坎帕尼亚大区（Campania） 法兰娜 Falanghina

P167 托斯卡纳大区 卡内奥罗 Canaiolo
P168 翁布里亚大区（Umbria） 格莱切多 Grechetto
南部 ↓
P169 坎帕尼亚大区 菲亚诺 Fiano

P168 马尔凯大区 白蒳萝（贝肯） Bianchello（Biancame）
P168 翁布里亚大区 萨格兰蒂诺 Sagrantino
P169 坎帕尼亚大区 阿斯品诺 Asprinio
P169 坎帕尼亚大区 格雷克 Greco

P168 马尔凯大区 帕斯琳娜 Passerina
P168 拉齐奥大区（Lazio） 切萨内赛 Cesanese
P169 坎帕尼亚大区 白莱拉 Biancolella
P170 坎帕尼亚大区 派迪洛索 Piedirosso

P168 马尔凯大区 维蒂奇诺 Verdicchio
P169 阿布鲁佐大区 佩哥里诺 Pecorino
P169 坎帕尼亚大区 狐狸尾 Coda di Volpe
P170 普利亚大区（Puglia） 白博比诺 Bombino Bianco

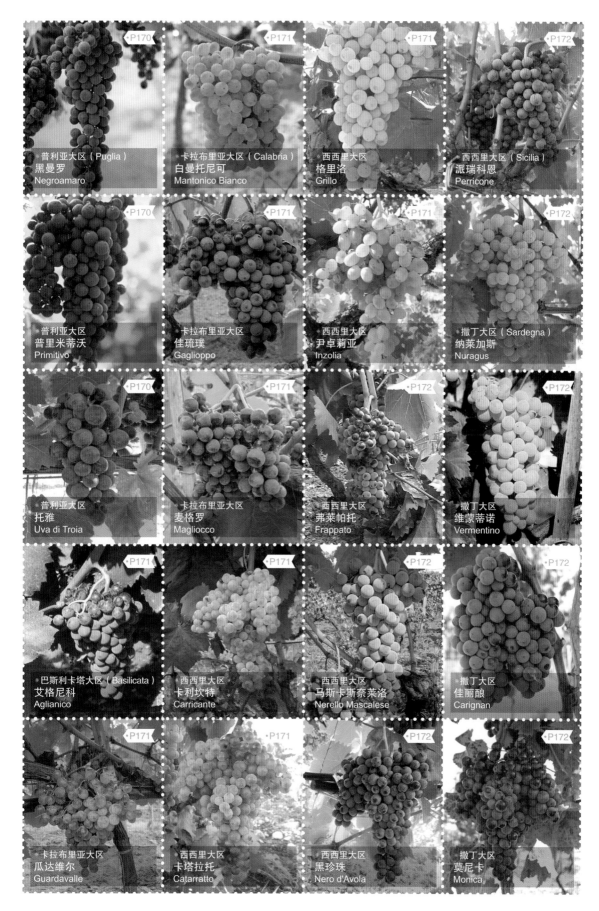

普利亚大区（Puglia）
黑曼罗
Negroamaro
P170

卡拉布里亚大区（Calabria）
白曼托尼可
Mantonico Bianco
P171

西西里大区
格里洛
Grillo
P171

西西里大区（Sicilia）
派瑞科恩
Perricone
P172

普利亚大区
普里米蒂沃
Primitivo
P170

卡拉布里亚大区
佳琉璞
Gaglioppo
P171

西西里大区
尹卓莉亚
Inzolia
P171

撒丁大区（Sardegna）
纳莱加斯
Nuragus
P172

普利亚大区
托雅
Uva di Troia
P170

卡拉布里亚大区
麦格罗
Magliocco
P171

西西里大区
弗莱帕托
Frappato
P172

撒丁大区
维蒙蒂诺
Vermentino
P172

巴斯利卡塔大区（Basilicata）
艾格尼科
Aglianico
P171

西西里大区
卡利坎特
Carricante
P171

西西里大区
马斯卡斯奈莱洛
Nerello Mascalese
P172

撒丁大区
佳丽酿
Carignan
P172

卡拉布里亚大区
瓜达维尔
Guardavalle
P171

西西里大区
卡塔拉托
Catarratto
P171

西西里大区
黑珍珠
Nero d'Avola
P172

撒丁大区
莫尼卡
Monica
P172

重点推介的

100款
意大利葡萄酒

继首页介绍的6个主要品种之后，接下来作为第二阶段，想要重点推介的100个品种，我们将按照地区分别来介绍葡萄酒及其评价。大家一边了解各种葡萄的生长环境，一边探寻意大利葡萄酒的奥秘吧。

瓦莱达奥斯塔大区
皮埃蒙特大区
伦巴第大区
特伦蒂诺－上阿迪杰大区
弗留利－威尼斯朱利亚大区
威内托大区
利古里亚大区
艾米利亚－罗马涅大区
托斯卡纳大区
马尔凯大区
翁布里亚大区
拉齐奥大区
阿布鲁佐大区
莫利塞大区
坎帕尼亚大区
普利亚大区
巴斯利卡塔大区
卡拉布里亚大区
西西里大区
撒丁大区

Valle d'Aosta
瓦莱达奥斯塔大区

地处与法国、瑞士的边境接壤的高山地带，面积最小、产量最少的大区。虽然葡萄园位于最高海拔达1200m的凉爽地带，但正因为是高山地带，红葡萄酒的比例占了60%。注重地域特色和本地品种的同时，德国、法国品种栽培的也较多。

---

001 白

小奥铭
Petit Arvine

在奥斯塔和相邻的瑞士最著名的品种。拥有柑橘系的清爽香气的同时，清透凉爽。

Petite Arvine Valle d'Aosta 2009 Les Cretes

具有青苹果的新鲜果香味、石灰粉般的矿物质感、柑橘系的紧实的酸相融合、后味端庄凛然干燥口感。带有柠檬蜜饯、新鲜香草的香气。数据不锈钢罐发酵，带沉淀陈酿6个月。配菜生蚝、鲷鱼刺身。

---

002 白

白布里耶
Prié Blanc

在海拔1200m的绝壁上栽培。早熟且在凉爽地带也能够成熟，因此自古就有栽培。具有辛辣味和甜味，也生产气泡酒。

NATHAN Vallee d'Aoste Blanc de Morgex et de la Sale 2010 Ermes Pavese

柠檬蜜饯、苹果蛋糕、石灰的香气。强烈的矿物质感和西番莲般的酸度从紧致的果味的深处喷涌而出。聪明而又有厚度。数据海拔900~1200m的葡萄园。树龄60年。采用法国橡木桶酿造（新桶40%）。配菜奶酪、猪皮冻拼盘。

---

003 红

科娜琳（小胭脂红）
Cornalin

孕育了拥有胡椒、烟草等香辛味的葡萄酒。酸度偏少，因为能够发酵出单宁、因此可以长期陈酿。耐人寻味的味道，适合搭配野味料理。

Vallée d'Aoste Cornalin Vigne Rovettaz 2010 Grosjean

犹如大口吃着野生草莓般质朴且水分充足的感觉。不突出的酸味、柔和的单宁、香辛味融合在一起，让饮用者心情愉悦。具有蓝莓、赤紫苏、甘草、丁香的香气。数据采用天然酵母、大橡木桶发酵，陈酿10个月。配菜色拉米香肠拼盘、蘑菇奶油汤配南瓜馅饼。

004 红	006 白	009 白	012 红

004 红
富美
Fumin

过去用来混酿以达到着色和辅助的作用，近年来会作为单一品种葡萄酒来酿造。其特征是野性的香辛味和尖锐的酸度。

Fumin Valle d'Aosta 2007 LesCretes

具有黑莓、花朵、东方香料的香气。柔和的丝绸般的果香味、酸、野性味的绝妙平衡。数据海拔650m的葡萄园。不锈钢罐发酵，法国橡木桶陈酿1年。配菜熏鸭肉和水芹沙拉、蓝莓汁鹿肉。

006 白
阿内斯
Arneis

在罗埃洛（Roero）地区栽培。其特征是华丽的果实香气和醇厚的果味。过去用来和内比奥罗混酿。

Roero Arneis 2011 Matteo Correggia

像咬了一口桃子似的新鲜醇厚的果香味中包裹了柠檬般的酸度和矿物质感。微苦、清爽、悠然自得又很细腻。数据不锈钢罐发酵。配菜意式蔬菜、桃子、细意大利面。

009 白
法沃里达
Favorita

在南部地区栽培。近年来确定了它与维蒙蒂诺（Vermentino)是同一品种。触感柔滑、矿物质感和酸度强。

Langhe Favorita 2011 Cantina Cellario

柠檬糖果、白色花朵、干草、新鲜薄荷的香气。能感受到糖渍苹果般甘甜、顺滑的酒体中柠檬般的酸度非常明显。喷薄而出粉状矿物质的感觉。数据不锈钢罐酿造。配菜生拌鱼或贝类、生拌章鱼。

012 红
弗雷伊萨
Freisa

在阿斯蒂（Asti）产区周边栽培。色泽偏淡、酸度强，初见非常有魅力，但让人意外的是单宁非常紧致。

Langhe Freisa Bricco Boschis 2008 Cavallotto Bricco Boschis

新鲜多汁的口感和香辛味、黏土的感觉同时存在。拥有优美的酸度的同时，单宁徐徐地散发出来，可以感受到紧致的余韵。具有蓝莓、梅、花朵等新鲜感觉的香气。数据不锈钢罐酿造。配菜番茄意大利面、什锦煮肉。

---

005 红	007 白	010 白	013 红

005 红
小胭脂红
Petit Rouge

奥斯塔地区著名品种。在混酿葡萄酒中也属于主要品种。过去曾用来酿造帕赛多(Passito)甜葡萄酒。

Valle d'Aosta Torrette Su Vigne Rovettaz 2009 Grosjean

朴素的黑皮诺的感觉，口感酸甜、水分充足。迷人，但能明显感觉到牢固的矿物质存在。蓝莓、腌渍赤的紫苏的香气。数据小胭脂红75%、其他采用柯娜琳（Cornalin）、富美（Fumin）等。水泥罐酿造。配菜兔肉和罗比奥拉（奶酪）、木莓沙拉、盐烧三文鱼。

007 白
柯蒂斯
Cortese

以细腻芳香成就的端丽的香辛型葡萄酒。主要生长在嘉维（gavi）产区，有矿物质感和酸度强，余韵悠长的酒款。其他产地：伦巴第大区、威内托大区。

Gavi del Comune di Gavi "Minaia" 2011 Nicola Bergaglio

光泽的酒体里，硬质的酸度和矿物质成分发挥作用，口腔内能感觉到凉意。触感柔和，但其中是毫不松懈的肌肉感，有深度的优雅的余韵。强烈的蜜渍橙子、柠檬蜜饯、矿物质的香气。数据不锈钢罐酿造。配菜意式披萨（Acqua Pazza）、鱼类和贝类的天妇罗。

010 白
迪莫拉索
Timorasso

在道勒多纳丘陵产区，部分生产者正致力于品种复兴。过去柯蒂斯赛种。特征是带有坚果类的苦味。

Ronchetto Timorasso Colli Tortonesi 2010 Paolo Poggio

具有柠檬、青苹果、迷迭香的茎、白胡椒的香气。泰坦坦诚、柠檬般的酸和干香草、核桃薄皮的苦味慢慢呈现。无杂味、楚楚动人、轻快的回味。数据用不锈钢罐陈酿11个月。配菜蔬菜烩饭、泰国风味生春卷。

013 红
格丽尼奥里诺
Grignolino

在阿斯蒂、蒙费拉托（Monferrato）自古以来就有栽培。色泽淡、酒体略轻，但意外的是，酸和单宁很多。

Grignolino d'Asti 2009 Trinchero

糖渍无花果、肉桂、铁、茴香的香气。初见感觉轻快，慢慢地干燥的单宁喷涌而出，充满野性。腌梅干般的酸也融合得很好，并不过分，饮用时令人心情愉悦。数据水泥罐酿造、陈酿8个月。配菜什锦铁排、蒜苗炒鸡胗。

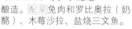

Piemonte
皮埃蒙特大区

与托斯卡纳齐名的意大利葡萄酒的著名产地。以内比奥罗为首，总产量的63%为红葡萄酒。位于阿尔卑斯山麓，南部是亚平宁山脉。主要在温差大的丘陵地带栽培高品质葡萄。

008 白
黎明
Erbaluce

在北部地区栽培。带有香草风味带来的野性味。香辛型、甜酒的甜型、气泡酒等，生产多种类型葡萄酒。

"La Rustia" Erbaluce di Caluso 2011 Orsolani

具有白色花朵、柠檬、薄荷、矿石的清爽香气。像咬了一口青苹果一样爽脆的感觉！柔和的酸和香草的野性味均衡地存在。泼辣迅速的爽快余味。数据95%不锈钢罐酿造、5%法国橡木桶酿造。配菜海鲜沙拉、烤蔬菜。

011 红
多姿桃
Dolcetto

南部地区栽培较多。据说是红葡萄的词源，带有果香味和单宁，但酸度少，从比较早的时期就可以享用。其他产地：利古利亚大区（liguria）［多姿桃别名：奥梅斯科(Ormeasco)]

Dogliani "Siri d'Jermu" 2008 Pecchenino

能感受到黑莓、桑葚、茴香、麝香等香气。微苦、香辛味融合在一起，黑樱桃巧克力般润滑的感觉。柔和均衡，饮用时令人心情愉悦。数据天然酵母、不锈钢罐发酵、大橡木桶陈酿12个月。配菜意式肉饺、黄豆烩饭。

014 红
内比奥罗
Nibio

亚历山德里亚（Alessandria）县托尔托纳(Tortona)栽培。多姿桃的一种。孕育出了活力的紫色，带有紫罗兰的香气，单宁强的葡萄酒。伦巴第大区也有栽培。

Suciaja Colli Tortonesi 2007 La Colombera

蔓越莓、花朵、石灰、可可、麝香的香气。水分感和完熟感同时存在。没有特别突兀的地方、整体协调、有魅力的闪着光泽的优美酒体。虽然采用现代酿酒技艺，但野性味依然若隐若现。数据不锈钢罐发酵、法国橡木桶陈酿。配菜意式肉饺、牛肉火锅。

015 红

皮拉维加
Pelaverga

主要在韦尔杜诺镇（Verduno）周边栽培较多。淡淡的红宝石色。带有红茶藨子和白胡椒等香气的轻体新鲜葡萄酒。用来酿造DOC韦尔杜诺（Verduno）/韦尔杜诺皮拉维加（Verduno Pelaverga）。

Pelaverga 2006 Allorigine da Emidio Maero

糖渍樱桃般的润滑纯正的果香味。成熟、透明质感不会过重、恰到好处的朴素和陈酿感，让饮用者心情愉悦的优美酒体。红色系果实、花朵、铁、软皮革的香气。 数据 不锈钢罐酿造，陈酿6个月。 配菜 豆子和腊肠烩饭、烤蘑菇。

---

016 红

露诗
Ruche

蒙费拉托地区自古以来就有栽培。带有花朵和果实等华丽的香气，酒体轻快。也有用来生产甜口葡萄酒（Passito）。

Ruche di Castagnoie Monferrato Laccento 2010 Montalbera

水分充足、轻快、带有甘草的甜中微苦的味道，单宁比较保守。干薄荷的风味带来的野性又朴素的美味。具有樱桃、黑蜂蜜、紫罗兰的香气。 配菜 不锈钢罐陈酿。 配菜 锡纸烤蘑菇、意大利蔬菜汤。

---

017 红

汝拉
Uva Rara

在北部和伦巴第大区的奥特莱堡·帕维赛（Oltrepo Pavese）地区一般用来与多个当地品种混酿。其他产地：伦巴第大区。

Colline Novaresi Uva Rara 2009 Ioppa

柔和朴素的果香味中干香草的风味喷涌而出，不过恰到好处的单宁酸相融合，像要渗透进身体里面。具有黑色系果实、铅笔芯、香料的香气。 数据 不锈钢罐酿造，陈酿7~8个月。 配菜 蘑菇意面、加入猪肝的西式牛肉。

---

018 红

维斯琳娜
Vespolina

在北部和伦巴第大区的奥特莱堡·帕维赛（Oltrepo Pavese）地区栽培，一般用来和若干个当地品种混酿。其他产地：伦巴第大区。

Collina Novaresi Vespolina Maretta 2010 Torraccia del Piantavigna

水分十足、充满活力的酸非常优美。单宁和香辛味相融合，带有野性味的同时带来感官感受。木莓巧克力、花朵、黑胡椒的香气。 数据 不锈钢罐发酵，法国产橡木桶陈酿6个月。 配菜 鸭肉火腿、香烤洋葱。

Lombardia
伦巴第大区

大区首府是意大利北部的经济中心米兰。近年来，作为弗朗齐亚柯达起泡葡萄酒（Franciacorta）、奥特波·帕韦斯经典起泡酒（Oltrepo Pavese Metodo Classico）等微甜气泡酒产地而著名，但在北部的瓦尔泰利纳溪谷，也利用查万纳斯卡葡萄（Chiavennasca）生产红葡萄酒。

---

019 红

伯纳达（科罗帝纳）
Bonarda (Croatina)

在奥特莱堡·帕维赛地区多用来和若干个当地品种混酿。其他产地：皮埃蒙特大区北部、艾米利亚-罗马涅大区。

Bonarda Carlino 2010 Castello di Luzzano

融合了香辛味、如黑色系果实的果汁般顺滑触感。虽有着令人愉悦的酸度，但慢慢地涌上来的单宁就像咬了一口蔬菜，野性妩媚。具有蓝莓、盐渍赤紫苏、植物、枯叶的香气。 数据 不锈钢罐陈酿12个月。 配菜 嫩煎鳗鱼、蘑菇烩饭。

Trentino Alto Adige
特伦蒂诺-上阿迪杰大区

位于与澳大利亚接壤的多洛米蒂山麓，意大利的最北端。由北部的波尔扎诺和南部特伦托两个自治州构成，历史、文化也各不相同。栽培本地品种的同时，奥地利统治时代被带进来的国际品种也植根于此。

---

020 白

白曼左尼
Manzoni Bianco

"Manzoni Bianco6.0.13"是由科内利亚诺（Conegliano）酿酒学校的曼左尼教授利用雷司令和白皮诺杂交培育出的品种。其他大区产地：威内托大区、弗留利-威尼斯朱利亚大区。

Manzoni BiancoDolomiti "Fontanasanta" 2010 Foradori

融合了夏天的橘子般的酸和略微的苦涩的重心低的酒体，慢慢地干香草风味突显出来，带有香料气息，但回味轻盈。蜂蜜金橘、白胡椒的香气。 数据 不锈钢罐带皮发酵，洋槐木桶陈酿12个月。 配菜 白香肠、水煮白萝卜。

---

021 白

诺西奥拉
Nosiola

过去在特伦蒂诺大区种植，现在急剧减少。传统做法是用作酿造圣酒（Vin Santo）。

Nosiola2010Cesconi

具有青苹果、葡萄柚、花朵、核桃的香气。能够明显感受到杏仁皮般光滑的酒体。融合了香茅般的植物风味和香辛味，味道均衡。 数据 不锈钢罐和槐木大桶陈酿8个月。 配菜 烤蘑菇、意式大麦粥。

---

022 红

勒格瑞
Lagrein

色泽深、单宁强劲、过去用作混酿品种来强化司棋亚娃。也有一种叫作（Kretzer）的桃红葡萄酒。

Lagrein Gries Riserva 2009 Tertano

有张力的酸、柔和的单宁、矿物质感融合在一起。香草般的清凉感使得酒体洗练细腻精致。具有黑莓、紫罗兰、丁香、可可的香气。 数据 不锈钢罐发酵，大橡木桶（70%）和法国橡木桶（30%）陈酿18个月。 配菜 嫩煎鹿肉、烤和牛。

---

023 红

瑞博
Rebo

1920年由Rebo Rigotti利用梅洛和特洛迪歌（Teroldego）培育成功的杂交品种。孕育出了深红宝石色、带有优质果实和香料的香气，单宁柔和的葡萄酒。

Rebo Rigotti 2009 Pravis

毫无阻碍的顺滑的第一感受。干燥的单宁、完全成熟的酸度、甜香料融合在一起的朴素优美的酒体。洋李子、根菜类、香料、枯叶的香气。 数据 不锈钢罐发酵，橡木桶陈酿12个月。 配菜 麻辣腊肠、山椒炖牛肉和牛蒡。

---

024 红

司棋亚娃
Schiava

包括白阳提（Biancu Gentile）等四个品种。其特征是洋溢着紫罗兰和杏仁的香气，酸、单宁少，纯正的果味。其他产地：伦巴第大区、威内托大区。

AltoAdigeSantaMagdalener 2008 Josephus Mayr

红茶藨子、紫罗兰、杏仁的香气。柔和的酸度和单宁、香辛味融合的新鲜果香味水分十足、非常有魅力。朴素但干净。 数据 司棋亚娃90%、勒格瑞10%。不锈钢罐发酵，大橡木桶陈酿9个月。 配菜 俄式炒牛肉、汉堡。

025 红

特洛迪歌
Teroldego

在特伦托省栽培。诞生了带有粗犷野性的果香味、香辛味的葡萄酒。在罗特利诺平原（Rotaliano）获得了最高成就。

Teroldego Rotaliano Foradori 2009
Foradori

具有蓝莓、石榴、紫罗兰、香料的香气。传递野生味道的浓缩果味中贯穿着柔和的酸和单宁，酒体精致。有着从头到尾都不松懈的紧实感，余味清凉。数据天然酵母，不锈钢罐发酵，旧橡木桶陈酿20个月。配菜红酒煮牛肉、烧鳗鱼串。

027 白

皮克里特
Picolit

在弗留利东部地区栽培。果串小、果粒少，栽培难。阴干的甜口。

Colli Orientali del Friuli Picolit 2009
Girolanmo Dorigo

具有蜂蜜奶糖、油桃、烟熏的香气。软糖的醇香中涌起酸和干燥的香草味、香辛味。矿物感的余味悠长、甜口。数据阴干2个月后，法国橡木桶发酵2个月，陈酿8个月。配菜桃子糖。

030 白

维托斯卡
Vitovska

弗留利地区只有卡索高原地区有栽培。邻国斯洛文尼亚也有栽培。特征是紧致的酸度和矿物感。

Vitovska2007Vodopivec

具有葡萄力量的同时，矿物质很强，肌肉型、厚重。宏大但清凉的余味无限延伸。具有菠萝、柠檬干、干香草的香气。数据天然酵母发酵，带皮浸渍的同时进行发酵，大橡木桶陈酿30个月。配菜白葡萄酒煮肉和隐元豆、嫩滑的香煎鸡肉。

033 红

施乔佩蒂诺
Schiopettino

果穗巨大，所以必须控制产量。适合的风土条件是高利奥东部弗留利地区的普雷波托（Prepotto）。

SchiopettinodiPrepotto 2009
Petrussa

橡木桶的风味和柔和的单宁相融合，非常细腻。优美的酸和矿物质毫无违和感地融合在一起。带有恰到好处的野性味，优雅。黑莓、花朵、杏仁、香料、可可的香气。数据不锈钢罐发酵，新法国橡木桶陈酿2年。配菜烤肉、红酒蔬菜炖牛肉。

Friuli Venezia Giulia
弗留利−威尼斯朱利亚大区

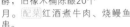

受澳大利亚、奥地利的影响，孕育了独特的文化。近年，确立了高品质白葡萄产地的地位，现在白葡萄酒产量占60%。白、红葡萄的本地品种种类繁多，尤其是靠近斯洛文尼亚边境的北部丘陵地区为著名产地。

028 白

丽波拉
Ribolla Gialla

在高利奥（Collio）和高利奥东部弗留利（Colli Orientali del Furiuli）地区作为单一品种发挥着个性。特征是强劲的酸度。

Ribolla Gialia 2010 Ronco delle Betulle

苹果、柠檬干、药草茶的香气。柔和澄澈的酒体中酸度渐次呈现。矿物感、干香草风味，清凉有深度、细腻的后味。数据不锈钢罐酿造，搅拌酒渣的同时，陈酿4个月。配菜油炸沙丁鱼、芦笋烩饭。

031 红

匹格诺洛
Pignolo

曾经一度濒临灭绝，1981年在高利奥东部弗留利（Colli Orientali del Furiuli）地区的一所修道院的葡萄园里被发现，重新焕发生机。长期陈酿品种。

ColliOrientali del Friuli Pignolo 2006
Girolamo Dorigo

浓缩果味中硬质的单宁和香辛味强势存在，酸味也在。还在各自为政的阶段，但潜力大、余味宏伟。具有黑醋栗甜酒、湿土、墨水、迷迭香、牛奶巧克力的香气。数据大橡木桶发酵，法国橡木桶陈酿30个月。配菜T骨牛扒、烤羔羊肉。

034 红

特兰诺
Terrano

在卡索地区栽培，与莱弗斯科（Refosco）同一系列。拥有尖锐的酸度和单宁的同时，风土带来的矿物质感也很强。

CarsoTerano2003Zidarich

具有糖渍木莓、软皮、石灰、铁的香气。紧致丝滑酸度却强硬。存在铁元素的香气，紧致典雅精致。数据发酵时不进行温度控制，采用斯洛文尼亚和法国产的中至大橡木桶陈酿。配菜烤乳鸽、果酱嫩煎鸭肉。

026 白

弗留利
Friulano

在高利奥（Collio）和高利奥东部弗留利（Colli Orientali del Furiuli）地区作为单一品种发挥着个性。慢慢的果实味。其他大区产地：伦巴第、威内托大区。

Collio Friulano 2009 Schiopetto

黏稠的重心低的酒体中干香草的风味突出，不松懈。矿物感、陈皮的风味相融合，醇厚又不做作的自然风格。洋梨、杏仁、白胡椒的香气。数据天然酵母、不锈钢罐酿造，陈酿8个月。配菜意式蔬菜香肠汤、煮猪肉。

029 白

弗留利维多佐
Verduzzo Friulano

弗留利地区最为古老的品种之一。皮厚、酸度高。在拉曼多罗（Ramandolo）生产阴干的甜型葡萄酒。其他产地：威内托大区。

Verduzzo FriulanoColli Orienbtali del Friuli 2011 | Clivi

楚楚动人的纯正果味。细腻的矿物感、清凉。酒体中包含了亲和漂亮的酸度和干香草的野性，令人愉悦。具有白色花朵、苹果、香茅的香气。数据树龄60年。天然酵母、不锈钢罐发酵。配菜蒸蔬菜、海鲜烩饭。

032 红

莱弗斯科
Refosco

树势强，是弗留利比较流行的品种，栽培范围广泛。酸和单宁都充分。其他产地：威内托大区、艾米利亚−罗马涅大区。

Refosco 2008 Ronco delle Betulle

具有糖渍黑色系果实、花朵、可可、麝香的香气。优美的酸度、黏稠的单宁相融合的丝绸般的酒体。干香草的清凉感，异国情调的野性和精致并存。数据Tonneau 900L大橡木桶和橡木桶陈酿14~18个月。配菜德式煮牛肉、嫩煎马肉。

意大利
100款
葡萄酒

Veneto
威内托大区

大区首府是水上城市威尼斯。平原多，是生产量位居前列、傲视其他大区的大型产区，白葡萄酒比例占67%。加尔达湖周边（苏瓦韦（Soave）、布雷西亚（Brescia））和以北部为中心范围广的普西哥（Prosecco）甜酒产区非常闻名。

035　白
卡尔卡耐卡
Garganega

贝卢诺省近郊自古以来就存在。据说与格来卡尼科（Grecanico）同一个系列。除了用来生产香辛型葡萄酒外，还用于阴干的甜白葡萄酒、微甜气泡酒。其他产地：伦巴第大区、弗留利－威尼斯朱利亚大区。

Soave Classico "Vin Soave" 2011 Inama

无杂味、柔滑。细腻的矿物质和灵动的酸相融合，直接传出新鲜葡萄的妙味。微微的苦涩显得更加清爽。青苹果、葡萄柚、矿物、香草的香气。数据不锈钢罐陈酿。配菜芦笋烩饭、盐烤鲹鱼。

036　白
格雷拉
Glera

在弗留利－威尼斯朱利亚大区广泛栽培。以前被称为普西哥（Prosecco）。酿造的葡萄酒拥有清爽的香气和隐约发苦的后味。多用于生产发泡性葡萄酒。

"Jeio" Prosecco di Valdobbiadene Superiore Brut N.V. Bisol

新鲜果味和弹性十足的气泡一起扩散开来，非常清爽。坦率、纤细、柔和的酸和矿物质令人心情愉悦。后味微微苦涩味让人为之一振的香辛型葡萄酒。青苹果、白色花朵、新鲜香草的香气。数据90%格雷拉、6%白皮诺、4%维蒂索（Verdiso），残糖量9g/L。配菜生火腿、箱押寿司。

037　白
维斯派拉
Vespaiola

在威内托大区维琴察省（Vicenza）栽培。出产香气高、酸度坚牢的葡萄酒。被用来生产DOC布雷冈泽，尤其是以托科拉多（Torcolato）甜口葡萄酒而著名。

Vespaiola Breganze 2010 Maclan

柔和、楚楚动人的果香味中，柠檬般的酸度恰到好处地起作用，清爽大方。像喝了香茅茶一样的清爽后味。具有洋梨、苹果糊、干草药的香气。数据不锈钢罐酿造，陈酿4个月。配菜豌豆烩饭、煮白芦笋。

038　红
科维纳维罗纳斯
Corvina Veronese

瓦尔波利切拉(Valpolicella)和巴多利诺(Bardolino)地区的主要品种。酸多、单宁内敛。也生产阴干葡萄酒。其他产地：伦巴第大区。

Valpolicella Classico 2011 Ca'la Bionda

樱桃、紫罗兰花、甘草、杏仁的香气。光滑触感的多汁酒体，结构不过于沉重非常有魅力。适中的单宁和轻快的矿物质感觉，是一款非常聪明的葡萄酒。数据80%科维纳、20%罗蒂内拉（Rondinella）、莫林纳拉（Molinara）。配菜薄马肉片拼盘、猪肉酱。

039　红
丹达尔拉
Dindarella

贝卢诺省的本地品种。酿造出的葡萄酒带有香辛味、令人愉悦的果香味。采用单一品种酿酒比较少。果皮厚，也适合阴干。DOC瓦尔波利切拉（Valpolicella）、瓦拉阿迪杰（Valdadige）也有生产。

Dindarella 2008 Aldegheri

具有蔓越莓、肉干、香料的香气。成熟果味中也融合了植物风味。带有香辛味、单宁多、野性强，但有令人愉悦的酸度支持，且醇厚。数据采摘后阴干数月。小橡木桶陈酿1年至1年半。配菜洋葱嫩煎雏牛肝、猪肉角煮。

040　红
奥塞莱塔
Oseleta

贝卢诺省的本地品种。一度濒临灭绝，1970年再次被发现。能酿造出单宁坚牢的浓郁葡萄酒。用来生产DOCG阿马罗内（Amarone）和瓦尔波利切拉－瑞奇奥托（Recioto della Valpolicella）甜葡萄酒。

Osar 1999 Masi

酸度支撑着成熟的水果干般的复杂果味、优雅。精致与野性共存，余韵悠长。具有黑糖、软皮、八角的香气。数据100%奥塞莱塔。法国橡木桶陈酿22个月。配菜烧烤珍珠鸡、嫩煎牛里脊。

041　红
歌海娜
Tai Rosso

在维琴察近郊栽培。过去被叫作Tocai rosso，也有称为Tai Bianco。

Tai Rosso 2009 Daniele Portinari

朴素但有透明感，水分充足。葡萄果皮的酸味与成熟感完全融合，像咬了一口山椒一般的香辛味。朦胧优美的酒体。樱桃、软皮、意大利巴撒米克香醋的香气。数据不进行温度控制，只采用天然酵母发酵。配菜野兽肉香肠、洋蓟烩饭。

042　白
博斯克
Bosco

五渔村（Cinque Terre）的主要品种。香辛型葡萄酒之外，也有采用阴干葡萄酿造的非常稀少的夏克特拉（Sciacchetrà）甜酒。

Cinque Terre 2010 Possa

强烈的矿物质感。微苦涩、香辛味交织在一起，丰满有厚度。干燥悠长的余韵。具有洋梨、柠檬干、薄荷、坚果、烟雾的香气。数据博斯克为主体，此外和多个葡萄带果皮混酿（80%不锈钢罐陈酿、20%法国橡木桶陈酿）。与沉淀一起陈酿。配菜白葡萄酒煮鳗鱼。

043　白
皮加图
Pigato

近年来弄清了与维蒙蒂诺（Vermentino）为同一品种，但在利古里亚以其他名字栽培。其特征是华丽的芳香、酸、矿物质感强。

RibieraLigure di Ponente Pigato 2010 Punta Crena

蜂蜜金橘、罗勒、薄荷、松脂的香气。些微的甜味蔓延过后，马上喷涌而出大量的矿物质和优美的酸度。虽有透明感但重心略低、精致。紧致而有光泽的余韵。数据不锈钢罐酿造。配菜生牡蛎、热那亚意面。

Liguria
利古里亚大区

从法国西部边境沿第勒尼安（Tyrrhenian）海岸，像弓箭一样东西向狭长的大区。与皮埃蒙特大区之间隔着亚平宁山脉，平地几乎没有，葡萄园很少，但却存在着号称超过100种的丰富多彩的品种。

意大利
100 款
葡萄酒

Emilia Romagna

艾米利亚-罗马涅大区

以大区首府博洛尼亚（Bologna）为界，由西面的艾米利亚和东面的罗马涅两部分构成，栽培品种亦不同。艾米利亚多生产微发泡葡萄酒，而罗马涅从古罗马时期便以阿巴娜白葡萄酒的产地而著称。

---

046 | 红

蓝布鲁斯科
Lambrusco

不同的地域存在着阿巴娜（Albana）、萨拉米诺（Sala-mino）等多个品种。葡萄酒通常为微发泡型、香甜型到香辛型都有。

Reggiano Lambrusco N.V. Venturini Baldini

紫罗兰的花、蓝莓、干药草的香气。气势十足的轻快的气泡。中草药苦涩的味道与香辛味融合，水分十足的果味。朴素却能原原本本地传达葡萄本来的美味毫不松弛的香辛型。[数据]罐内二次发酵12个月。[配菜]意大利生熏辣肠、马肉刺身。

Toscana

托斯卡纳大区

与皮埃蒙特大区齐名的著名产区。中世纪起就繁荣的传统产地，地处东部亚平宁山脉西麓的丘陵地带，利用桑娇维塞生产品牌葡萄酒。另一方面，在20世纪70年代以后急速成长起来的沿海产地，流行栽培国际品种。红葡萄酒产量占85%。

---

051 | 红

卡内奥罗
Canaiolo

主要作为桑娇维塞的辅助品种，多用于混酿以增加香气和强化酒体。其他大区产地：利古里亚大区、拉齐奥大区、翁布里亚大区。

Provenzano Canaiolo 2009 Azienda Agricola Marciano

水分充足的果香味中干燥的单宁和香辛味涌出来，感到喉咙深处发热，但不沉闷、非常安详。后味中也有干香草风味带来的清凉感。黑樱桃、花朵、泥土的香气。[数据]不锈钢罐酿造。[配菜]酥脆猪肝面包片、手工肉酱意面。

---

044 | 白

阿巴娜
Albana

从古罗马时代起就在罗马涅地区栽培。出产果味丰富的辛香型甜口、完全起泡酒（Spumante）和轻微起泡酒（Frissante）。

Santa Lusa 2010 Ancarani

拥有让人驻足的香辛味、柑橘皮般微微的涩味使得余味安详。香草糖果、橙子果冻、杏仁的香气。[数据]不锈钢罐发酵，水泥罐陈酿。[配菜]串烤鳗鱼、田鸡烩饭。

---

047 | 白

奥图戈
Ortrugo

在佩森提尼丘陵（Colli Piacen-tini）地区用于混酿品种。也诞生了单一品种的DOC。也有微甜气酒和微发泡葡萄酒。

Oste Bianco Ortrugo Colli Piacentini 2011 Lucenti

楚楚动人的纯正果味中柠檬般的酸和矿物质感自然地融合，平衡良好。新鲜香草风味和微微的苦涩让人感觉清爽，毫无阻滞顺畅地可以一直喝下去的愉悦感。[数据]不锈钢罐酿造。[配菜]意大利生熏辣肠、煮蔬菜。

---

049 | 白

维奈西卡
Vernaccia

托斯卡纳地区生产清爽的辛香型葡萄酒和微甜气泡酒，撒丁大区采用产膜酵母陈酿方法，生产高酒精度的葡萄酒。其他大区产地：萨丁大区。

Vernaccia di San Gimignano Riserva 2009 La Lastra

润滑的果香味中融合了酸和粉状矿物质感、干香草的风味。清爽、紧致、细腻、骨骼牢固的余韵。苹果蜜、干草、烧烤的香气。[数据]50%不锈钢罐酿造，另50%法式橡木桶陈酿，之后混合。[配菜]香草烤鸡、韩式煎饼。

Marche

马尔凯大区

亚平宁山脉东麓形状狭长的大区，在邻近亚得里亚海的石灰质丘陵地带栽培葡萄。几乎没有平地。内陆地区温差巨大，靠近海边的地方为温暖的地中海气候。红、白葡萄酒的比例大致相当。

---

045 | 白

法莫索
Famoso

在艾米利亚-罗马涅大区的罗马涅地区的丘陵地带栽培。带有让人联想起麝香葡萄的芳香、带有成熟果实的色泽，也用来酿造发泡型葡萄酒。

Signore 2010 Ancarani

熟透的桃子香气从口腔内部慢慢升起，酸和香草风味让人感觉后味清凉。丁香花、粉状矿物质的香气。[数据]不锈钢罐发酵，水泥罐陈酿。[配菜]烤西葫芦、生火腿面包。

---

048 | 红

马尔波阳提
Malbo Gentile

主要在摩德纳省、雷焦艾米利亚省的丘陵地带栽培。出产带有红色果实芳香的新鲜感的葡萄酒。也用于生产DOC Colli di Scandiano e Canossa等。

Borgo Stignani 2008 Vigne dei Boschi

具有蓝莓、红紫苏、红色花朵的香气。不会过于沉重的、轻松、多汁的质感。像嘴里塞满了生的黑色系果实般活力四射及水灵灵的酒体里存在着香辛味和干燥的单宁，带有野性。[数据]法国橡木桶陈酿18个月。[配菜]色拉米香肠拼盘、薄牛肉片卷扁豆。

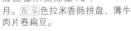

---

050 | 红

阿利蒂科
Aleatico

托斯卡纳厄尔巴岛等沿海地区栽培。莫斯卡托葡萄般的甘甜芳香是其特征，多用于酿造甜口葡萄酒。其他产地：马尔凯大区、拉齐奥大区、布里亚大区。

Elba Aleatico 2008 Cecilia

香甜、微微苦涩、中草药风味、酸度均衡、糖渍黑莓的风味。甜口但多汁水分足。具有黑樱桃、干草、黑糖、干花等异域风情的香气。[数据]采摘后，经20天日晒干燥后酿造。[配菜]无花果馅饼、佩科里诺干酪。

---

052 | 红

阿芭内拉
Albanella

过去就已经名声大噪，但栽培面积小。多用来酿造跟玛莎拉酒类似的甜型葡萄酒（liquoroso）。与白格雷克（Greco Bianco）类似。

Roncaglia 2010 Fattona Mancini

概括来说矿物感强，骨骼厚且带有野性。香草风味和香辛味也融合其中、落落大方。具有糖渍苹果、百里香、石灰的香气。[数据]75%阿芭内拉、25%黑皮诺。[数据]不锈钢罐酿造，与沉淀一起陈酿4个月。[配菜]白葡萄酒煮兔肉、意式香肠薄荷烩饭。

053 白

白莳萝
Bianchello

海岸沿线地区栽培。出产带有白色花朵、青苹果的芳香的新鲜、轻体白葡萄酒。是特雷比奥罗（Trebbiano）的一种。其他产地：艾米利亚-罗马涅大区。

LaRipe Bianchello del Metauro 2011 Roberto Lucarelli

柔和的浓缩果味中包括了柠檬般的酸、涩味、矿物质感。无杂味，虽然能感受到南部的暑热，却很轻盈。糖渍洋梨、干薄荷的香气。数据 天然酵母 不锈钢罐发酵，陈酿5个月。配菜 红酒腌沙丁鱼、渔夫扁面。

054 白

帕斯琳娜
Passerina

在南部地区奥菲达（Offida）等地栽培。柑橘类和干香草的香气，酸度丰富清爽。也有完全起泡酒（Spumante）和阴干的甜口葡萄酒。其他大区产地：阿布鲁佐大区、拉齐奥大区。

OffidaPasserina "Lucrezia" 2010 Le Caniette

烤苹果、糖渍金橘、干香草的香气。朴素但矿物感强、舒展。质感牢固，虽润滑，但嘴里却发干，尖锐的、香料般的后味。数据 带一部分果皮浸渍、不锈钢罐发酵后，20%法国橡木桶陈酿。配菜 白葡萄酒煮鳗鱼、香草烤鲷鱼。

055 白

玛可兰蒂诺
Maceratino

被划归马尔凯大区自古以来就有栽培的格雷克同一组别的品种。出产稍轻、能感觉到矿物质的、清爽的葡萄酒。也用于生产科利·马切拉特西DOC Colli Maceratesi。

Ribona2011La Murola

糖渍苹果般的浓缩果味中充满着柑橘般的酸、矿物质、干香草风味。新鲜、张弛有度，能感觉到盐味的干燥后味。花蜜、石头粉末的香气。数据 不锈钢罐发酵、与沉淀物一起陈酿4个月。配菜 乌贼橄榄烩饭、海鲜烧卖。

056 白

维蒂奇诺
Verdicchio

在卡斯蒂里维蒂奇诺、马泰利维蒙蒂奇诺地区栽培。芳香丰富、酸度和矿物质感强，品质好，而且耐陈酿。

Verdicchio di Matelica 2010 La Monacesca

苹果、糖渍柠檬皮、花蜜、矿物等澄澈而华丽的香气。能感受到浓缩葡萄的柔滑的酒体内部大量地存在着有张力的舒展的酸和石块般的矿物质感。艳丽但硬质。数据 不锈钢罐酿造。配菜 白葡萄酒蒸青口贝、烤鸡肉串（盐）。

057 红

拉奎马
Lacrima

只在莫罗达尔巴村（Morro d'Alba）周边栽培。顺滑的中等酒体，散发着玫瑰般的芳香。

Lacrimadi Morro d'Alba 2011 Conti di Buscareto

玫瑰、紫罗兰、樱桃、迷迭香、青椒等非常有个性的华丽香气。新鲜的酸造就了触感光滑、多汁的酒体，轻盈而又魅力。数据 大橡木桶和不锈钢罐发酵后，大橡木桶陈酿8个月。配菜 蒸鸡、茄子番茄奶酪三重烤。

Umbria
翁布里亚大区

地处意大利半岛的几乎正中央的位置。70%以上为丘陵地带。温差大、少雨，是喜好石质土壤的葡萄的最佳栽培场所，据说古代伊特鲁里亚人就已经开始葡萄酒酿造活动。红葡萄酒生产量占50%多。

058 白

格莱切多
Grechetto

奥尔维耶托（Orvieto）地区的主要品种，生产辛香型至甜型葡萄酒。散发着花蜜般的香气浓厚的果香味是其特征。其他产地：艾米利亚-罗马涅大区、托斯卡纳大区、马尔凯大区。

Grechetto2009Palazzone

蜂蜜煮金橘、金木犀、香草糖果的香气。重心低、醇厚的触感，马上又感觉到麻酥酥的香辛味和矿物感。也融合了糖渍橘皮的苦涩。干燥惬意的余韵。数据 不锈钢罐酿造，陈酿4个月。配菜 康吉鳗烩饭、炒丝瓜。

059 红

萨格兰蒂诺
Sagrantino

强劲、单宁很多。过去多生产阴干的甜口葡萄酒。近年来以生产长期陈酿的伟大的辛香型葡萄酒为主。

Sagrantino di Montefalco 2007 Milziade Antano

无花果干、铁、丁香、肉桂、焦油的香气。黏稠的糖渍洋李子般的果香味中存在大量强硬的单宁、香辛味。余韵中带有并不妩媚的野性、复杂而悠长。数据 天然酵母、不锈钢罐发酵，大橡木桶陈酿30个月。配菜 红酒煮猪肉、红烧鸽子。

Lazio
拉齐奥大区

首都罗马的所在地，政治、观光中心。地势比较平坦、地中海气候，因此气候温暖。土壤是火山喷发形成的凝灰岩，果味丰富但酒体较轻，所以年轻时饮用的葡萄酒较多。白葡萄酒的生产量为80%。

060 白

贝朗尼
Bellone

意大利中部，尤其是罗马周边栽培。出产早期饮用的令人愉悦的白葡萄酒。也用于生产弗拉斯卡蒂、马里诺等被称为罗马涅城堡CASTELLI ROMANI地区的DOC。

Castore Bianco 2011 Cincinnato

像咬了一口白桃似的醇厚感。酸度柔和、与细致的矿物质和谐地融合在一起。隐约残留有植物般的香辛味和香料般辛香。李子、柑橘类、香茅、白色花朵、干草的香气。不锈钢罐酿造，陈酿3个月。配菜 桃子凉拌天使面、煎蛋卷西葫芦。

061 红

切萨内赛
Cesanese

分为阿菲莱切萨内赛（Cesanese d' Affile）和普通切萨内赛（Cesanese Comune）两种。其特征是柔和的果味。

San Magno Cesanese del Piglio 2009 Azienda Agricola Corte dei Papi

具有糖渍黑莓、干花、烤肉、黑胡椒的香气。融入了黏稠的单宁的辛香果味，虽然粗犷但因为水分充足的质感而显得安详。数据 不锈钢罐发酵，法国橡木桶（新桶30%）陈酿12个月。配菜 西式烤排骨、照烧牛肉。

062 红

黑波诺
Nero Buono

生长在克里奥（Collio）地区，在公元前已经存在。多用来和蒙特普查诺（Montepulciano）切萨内赛（Cesanese）混酿。

PolluceRosso2009Cincinnato

樱桃、桑葚、可可、肉桂、丁香的香气。可可慕斯般的香味、无杂气、摩登。后半段开始变得沉重，而且酸度涌出来，与香辛味一起，酒体平衡，令人愉悦。数据 不锈钢罐发酵，陈酿6个月。配菜 炖牛肚、生姜烤猪肉。

Abruzzo
阿布鲁佐大区

西侧耸立着海拔近3000m的群山，大区的65%均为山区。山脉的丘陵一直延伸至亚得里亚海附近，没有平地、地势险峻，人口密度小。黏土石灰质土壤的丘陵地带栽培着强劲风味的葡萄。红葡萄酒产量超过了60%。

Molise
莫利塞大区

近几年从阿布鲁佐大区独立出来的、仅排在瓦莱达奥斯塔大区之前，为第二小的大区。境内一半以上为山区，几乎没有平地，但丘陵地带的葡萄栽培从古代延续至今。红葡萄产量占75%。

---

063 | 白
佩哥里诺
Pecorino

干香草风味、具有野性的葡萄。栽培区域多与帕斯琳娜(Passerina)同一地区。其他大区产地：马尔凯大区、拉齐奥大区。

"Giocheremo con I fiori" Abruzzo 2011 Torre dei Beati

香料、香茅、干薄荷的香气。虽然有厚实的浓缩感，但干香草、白胡椒的风味更胜一筹，直接、狂野。同时融合了糖渍柠檬的苦涩。[数据]发酵和陈酿均采用不锈钢罐75%、法国橡木桶25%。[配菜]白葡萄酒煮鲛鱇鱼和蔬菜、羊碎肉通心粉。

064 | 红
蒙特布查诺
Montepulciano

主要在亚得里亚海沿岸栽培。特征是强有力的果实的浓缩感。也生产一种叫切拉索罗(Cerasuolo)的桃红葡萄酒。其他产地：马尔凯大区、莫利塞大区、普利亚大区、拉齐奥大区。

Montepulciano d'Abruzzo 2009 Torre dei Beati

完熟感和多汁感并存。单宁黏稠、野性，但因矿物般的硬度而显得不松懈，优雅。黑色系果实、香料、泥土的香气。[数据]75%不锈钢罐发酵。斯洛文尼亚产橡木桶（50%）、法国橡木旧桶（50%）陈酿12个月。[配菜]辣味羊肉煮土豆、烧排骨肉。

065 | 红
廷提利亚
Tintilia

从西班牙传来的品种。一度濒临灭绝，近几年又复兴。2011年酿出了莫利塞廷提利亚葡萄酒（Tintilia del Molise）。

Tintilia del Molise 2009 Catabbo

巧克力慕斯般的酒体中融合了紧致的单宁，出色表现了南部的完熟感和野性。顺滑，没有过于沉闷的感觉。蓝莓、茴香、泥土、咖啡的香气。[数据]不锈钢罐90%、橡木桶10%，分开酿造，陈酿6个月。[配菜]炭烤牛肉饼、红烧猪肉。

Campania
坎帕尼亚大区

大区首府是那不勒斯。在气候温暖的海岸沿线和内陆群山耸立的维苏威火山山麓，自古以来葡萄栽培就很兴盛。自古希腊殖民地时代起，数量众多的葡萄品种就带进来、扎下了根。红葡萄酒产量占55%。

---

066 | 白
阿斯品诺
Asprinio

近年，弄清楚了它与格雷克(Greco)为同一品种。这个品种固有的DOC是阿韦尔萨(Aversa)。除了非发泡性葡萄酒外，也出产起泡酒（Spumante）。

Vite Maritata 2008 I Borboni

完全成熟的酒体让人沉静、酒体油滑。与果实的甘甜相比白胡椒和中草药的风味更加突出，最后陈皮的风味轻轻出现。烤苹果、香草糖果的香气。[数据]不锈钢罐发酵，陈酿4个月。[配菜]白葡萄酒煮猪肩肉和苹果、鸡肉炒腰果。

067 | 白
白莱拉
Biancolella

伊斯基亚岛(Ischia)的固有品种，在阿马尔菲海岸(Costa d'Amalfi)也有分布。其特征是华丽的香气和细腻的酸度、杏仁风味。

Biancolella Ischia Bianco 2011 Casa d'Ambra

蜜渍柑橘、黄桃等异国情调的香气。熟透的橘子般泼辣果味中包含了硬质的矿物质感。端正、结构匀称。[数据]发酵时控制温度，酿酒罐中陈酿。[配菜]白葡萄酒煮兔肉、水煮鱼。

068 | 白
狐狸尾
Coda di Volpe

因果穗长而被称为"狐狸的尾巴"。柔和、清爽。可用作单一品种葡萄酒也用于混酿，也生产起泡酒（Spumante）。

Lacrima Cristi del Vesuvio Bianco 2011 Mastroberardino

柑橘、青苹果、香茅的香气。第一印象柔和、新鲜但粉末状的矿物质感和干香草的风味则是关键。不突兀、楚楚动人、均衡、清爽的后味。[数据]不锈钢罐酿造。[配菜]嫩煎茄子和薄荷、海员式沙司比萨。

069 | 白
法兰娜
Falanghina

在贝内文托（Benevento）地区、卡布里岛（Capri）等地栽培。带有华丽的芳香、典雅的酒体。也用于出产起泡酒（Spumante）和风干葡萄酒帕多赛多（Passito）。

Bonea Falanghina Taburno 2011 Masseria Frattasi

蜜渍橙子、黄桃、薄荷的香气。石榴般光泽的酒体，后半段也因酸和矿物的存在而变得轻盈。明朗、张弛有度令人愉悦。深处潜藏着干香草的风味。[数据]天然酵母不锈钢罐酿造，陈酿5个月。[配菜]蛤蜊和意大利欧芹面、柠檬烩饭。

070 | 白
菲亚诺
Fiano

原产于希腊，从古罗马时代就已存在。特征是花朵及杏仁的香气和酸、矿物质感强。也用于生产起泡酒（Spumante）。其他产地：普利亚大区、西西里大区。

Fiano di Avellino 2009 Guido Marsella

洋梨、柑橘皮、白胡椒、薄荷脑、松脂的香气。第一印象是蜜渍黄桃，但酸和粉状矿物质涌出来，中段带有纤细的坚韧、精致优雅。矿物的苦味持续到尾声。[数据]不锈钢罐酿造，陈酿4个月。[配菜]水牛奶酪、烤扇贝。

071 | 白
格雷克
Greco

原产于希腊。酸味强、经得起长期陈酿。德尔图福（Tufo）地区也表现出很强的矿物质感。也用于生产起泡酒（Spumante）。其他产地：中、南部的很多大区。

Greco di Tufo 2010 Benito Ferrara

葡萄柚、矿物、花蜜的香气。有光泽但完全不松懈。酸和矿物质感坐镇，传达出强烈的并不妩媚的本质。柔和悠闲的优雅而自在的余韵。尾声轻灵舒畅通透。[数据]不锈钢罐酿造。[配菜]白葡萄酒煮章鱼、嫩煎穿山鸡。

072 | 白

白狐狸尾
Pallagrello Bianco

据说波旁（Bourbon）时期那不勒斯（Naples）王国宫廷饮用的白葡萄酒品种。濒临灭绝，近年来开始复兴。

Aquavigna 2010 Selvanova

干香草风味和葡萄柚般的果香味、矿物感相融合。重心低、有深度、发甜的香辛味的余味。柠檬果酱、新鲜薄荷、白胡椒的香气。[数据]不锈钢罐酿造，与沉淀一起陈酿9个月。[配菜]薄荷刺山柑嫩煎乌贼、泰式粉丝沙拉。

075 | 红

派迪洛索
Piedirosso

古罗马时代就已经存在。成熟后果梗会变红，因此命名为"红色的腿"。酿造的葡萄酒轻快令人心情愉悦。

Piedirosso 2010 Mustilli

能感受到南部风情且多汁的果实中，均衡地存在着灵动的酸、中草药的香辛味。不沉闷、果实的酸甜非常有魅力、令人心情愉悦。具有蓝莓、草莓、赤紫苏的香气。[数据]不锈钢罐发酵，陈酿3个月。[配菜]嫩煎青椒裹肉、醋腌竹荚鱼。

077 | 白

白博比诺
Bombino Bianco

据说与白特雷比奥罗(Trebbiano Bianco)同一系列，在中南部栽培。出产醇厚酒体的葡萄酒。其他产地：阿布鲁佐大区、莫利塞大区、拉齐奥大区、艾米利亚–罗马涅大区。

Bombino Bianco Catapauns Daunia 2010 D'Alfonso del Sordo

嘴里塞满了熟透了的带皮温州蜜橘似的多汁感。微微苦涩和矿物质张弛有度，令人愉悦。透明质感，能切实感受到葡萄原来的甘甜。黄桃、金木犀、薄荷的香气。[数据]采用晚摘葡萄酿造，不锈钢罐发酵。[配菜]炭烤沙丁鱼、蔬菜猫耳朵。

080 | 红

普里米蒂沃
Primitivo

与美国的仙粉黛是同一品种。特征是酒精度高、像把黑色系果实煮干了一样强劲的果味。其他产地：坎帕尼亚大区、巴斯利卡塔大区。

Gioia del Colle Primitivo 2006 Pasquale Petrera

像木莓果酱一样浓缩果实和有张力的酸，水分充足。香辛味和矿物感四溢，不黏腻、利落的余韵。草莓果酱、野山楂、矿物的香气。[数据]不锈钢罐发酵，陈酿6个月。[配菜]香肠拼盘、肉末焗茄子和番茄。

073 | 红

卡萨韦基亚
Casavecchia

在卡塞塔（Caserta）县栽培。也有说用来酿造古罗马时代备受赞誉的"Trebulanum"。

Centomoggia 2009 Terre del Principe

丝滑柔和的浓缩果味。黏稠的单宁和香辛味融合，紧致、舒畅的余味。糖渍黑莓、花朵、麝香、浓咖啡、迷迭香的香气。[数据]法式橡木桶新桶陈酿12个月。[配菜]红酒煮羊肉、烤猪腱肉。

076 | 红

丁托列
Tintore

在阿玛菲（Amalfi）海岸的断崖上栽培，还保留着原始根系的葡萄树，但栽培面积极少。出产让人联想起艾格尼科（Aglianico）的酸度、单宁牢固的适合长期陈酿的葡萄酒。

Tramonti Rosso Tintore "Pre Fillossera" E'ISS 2007 San Francesco

拥有侵略性的单宁同时，生李子般的酸度也切实存在。强劲但有透明感，野性但优雅的余韵一直持续。蓝莓、洋李子、植物、可可的香气。[数据]树龄100~300年！大橡木桶和法国橡木桶各陈酿1年。[配菜]丁骨牛排、烤羔羊肉。

078 | 桃红

黑博比诺
Bombino Nero

2011年升格为DOC的蒙特利堡（Castel del Monte）地区的洛萨朵(Rosato)使用的品种。特征是酒体醇厚。

Castel del Monte Rose 2011 Rivera

微甜、醇厚的第一印象。因干香草的风味、橙子般的酸度、矿物质感而张弛有度、清爽干燥。具有迷迭香糖果、白胡椒的香气。[数据]浸皮18小时，不锈钢罐陈酿。[配菜]香草烤鸡肉、锅烤海螺。

081 | 红

托雅
Uva di Troia

蒙特利堡（Castel del Monte）等北部地区栽培。出产酸和单宁紧实存在、均衡的葡萄酒。

Troia 2007 Cantina Diomede

紧致、水分充足的质感，有着规矩的单宁、酸、矿物感。有迷迭香般的清凉感觉，感受到南部风情却又典雅。具有李子干、茴香、肉、可可的香气。[数据]不锈钢罐发酵，法国新橡木桶陈酿1年。[配菜]香草嫩煎羔羊肉、和牛寿喜烧。

074 | 红

黑狐狸尾
Pallagrello Nero

据说是波旁（Bourbon）时期那不勒斯（Naples）王国宫廷饮用的红葡萄酒品种。几乎要灭绝的葡萄近几年又得到复兴。

Ambruco 2009 Terre del Principe

紧致丰满。拥有可可般醇厚的同时，慢慢散发出浓缩果味。酸和单宁精致，类似于赤霞珠，但黑胡椒风味又显得狂野。黑醋栗利口酒、铁、杏仁的香气。[数据]法式橡木桶新桶陈酿12个月。[配菜]嫩煎羔羊肉、烤鸽子。

Puglia
普利亚大区

大区的大部分区域由平地和丘陵构成，正因为是日光强烈的地中海气候，所以葡萄、橄榄、硬质小麦等农作物丰富。从古代腓尼基人的殖民地时代就开始酿酒活动，各地带进来的品种也丰富多彩。产量大。

079 | 红

黑曼罗
Negro Amaro

原产于希腊，古罗马时代就已经存在。特征是酒精度偏高，但有柔和的果香味和香料风味。

Salice Salentino "Il Pioniere" 2009 Natalino del Prete

融入了干燥的单宁和香辛味的温暖酒体紧致但顺滑不沉闷。天然的美味悠然地蔓延开来。无花果干、肉桂、甘草的香气。黑曼罗85%、玛尔维萨15%。酒罐酿造。[配菜]意式薄番茄饼、猪肝酱。

意大利 100 款 葡萄酒

Basilicata
巴斯利卡塔大区

过去称为卢卡尼亚（Lucania），位于古代希腊人殖民地的中心地区。亚平宁山脉的南端位于大区的中央，山区和丘陵地带几乎都是一片荒凉的光景，葡萄栽培面积、葡萄酒产量都很少。

---

082 红

艾格尼科
Aglianico

从希腊传来的代表了南意大利的伟大品种。酸和单宁强劲，适合长期陈酿，但也生产玫瑰葡萄酒。其他产地：坎帕尼亚大区、普利亚大区、莫利塞大区、卡拉布里亚大区。

"Synthesi" Aglianico del Vulture 2008 Paternoster

香辛型、具有南部典型的强劲，但因为有紧实的单宁和矿物质感使得结构匀称，优雅。黑樱桃、花朵、丁香、可可的香气。[数据]不锈钢罐发酵后，80%斯洛文尼亚产大橡木桶、20%法国橡木桶陈酿。[配菜]各种烤肉、辣味猪内脏煮土豆。

Calabria
卡拉布里亚大区

位于意大利半岛南端、虽然被蒂雷尼亚海（Tirrenia）、爱奥尼亚海（Ionia）包围，但山地和丘陵几乎全是险峻地势。葡萄园以沿海地区为中心呈点状分布、栽培量少，但存在很多希腊殖民地时期带进来的品种。

---

083 白

瓜达维尔
Guardavalle

出产酒体结实单宁少的白葡萄酒。很少用来单独酿造，多用来与其他本地品种混酿。也用于生产DOC比翁吉（Bivongi）。

Vescovado Bianco 2011 Santa Venere

栀子花、苹果等楚楚动人的香气。柔和的果味中存在新鲜香草风味和柠檬般细腻的酸，矿物感慢慢出现、紧凑。无杂味、干净利落。[数据]不锈钢罐酿造，陈酿5个月。[配菜]山羊乳干酪和苹果的沙拉、烤虾串。

---

084 白

白蒙托尼科
Montonico bianco

很少用于单独酿造，与白格雷克（Greco Bianco）、瓜达维尔（Guardavalle）等混酿。也用来生产DOC比翁吉（Bivongi）。在DOC Terre di Cosenza地区也称为白曼托尼可(Mantonico Bianco)。

Mantonico Calabria bianco 2009 Statti

蜂蜜般润滑的背后存在着硬质的矿物感。毫无松懈、因矿物般的后味而余韵悠长。洋梨、橘子馅饼、无花果的香气。[数据]长期低温发酵后，槐木大桶陈酿4个月。[配菜]Aglio意大利面和什锦菜面条、烤巴拉圭贝壳。

---

085 桃红葡萄酒

佳琉璨
Gaglioppo

起源于希腊，古代就存在。炎热地带的葡萄，但因酒和细腻的单宁而拥有滑润触感。有甜口和桃红葡萄酒。

Ciro Rosato 2011 Librandi

隐约能感受到甜味的醇厚触感，之后马上出现香辛味和干香草的风味。机敏、张弛有度的辛香型。樱桃、野山楂、粉红胡椒的香气。采用放血法后，不锈钢罐造。[数据]长期低温发酵后，槐木大桶陈酿4个月。[配菜]辣椒意大利面、猪皮和猪脚冻。

---

086 红

麦格罗科
Magliocco

过去曾用来与佳琉璨(Gaglioppo)混酿，近年来，潜力高受到关注，也出现了用单一品种的葡萄酒。

Amanzio Calabria Rosso 2009 Colacino

具有力量感的果香味中，黏稠的单宁和矿物感、橙子般的酸、黑胡椒风味安详地融合。强劲，优美、有光泽又优雅。具有李子、铁、丁香、八角的香气。[数据]不锈钢罐陈酿。[配菜]辣味通心粉、麻婆茄子。

---

087 白

卡利坎特
Carricante

在卡塔尼亚（Catania）地区栽培。多用于和卡塔拉托（Catarratto）混合。在埃特纳火山（etna）的高海拔产地，因矿物而细腻。

Etna Binaco 2010 Graci

柑橘、青苹果、干薄荷等纯净的香气。新鲜淳朴的果香味、柠檬般的酸，同时有着岩石粉末般的矿物感强、紧凑。秀丽、凉爽的余韵。[数据]70%卡利坎特、30%卡塔拉托（Catarratto）天然酵母酿造。[配菜]鱿鱼煎橄榄、白酒蚬肉意大利面。

Sicilia
西西里大区

号称地中海最大，而且在意大利面积最大。东部耸立着埃特纳火山（etna），整个岛屿的62%为丘陵，从古代就受到各种文化的影响，带来的品种也丰富多彩。产量多，但白葡萄酒占了60%以上。

---

088 白

卡塔拉托
Catarratto

在意大利白葡萄中生产量占第二位。醇厚的风味。在意大利全境栽培，尤其是西部较多，也用于生产马沙拉白葡萄酒（马尔萨拉/Marsala）。

Girgis Extra Sicilia 2009 Guccione

苹果蜜、干百里香草、烟雾的香气。生葡萄柚般多汁。细腻无杂味，像加了柠檬汁的硬质矿泉水。[数据]在Tonneau（900L橡木桶）里发酵45天后，法国、美国产橡木桶陈酿6个月，不锈钢罐陈酿6个月。[配菜]白鱼肉拌片、蔬菜天妇罗。

---

089 白

格里洛
Grillo

主要在特拉帕尼（Trapani）等西部地区栽培。出产酸度稳定、酒体庄重的葡萄酒。也用来酿造马沙拉白葡萄酒（马尔萨拉/Marsala）。

"Itynera" Grillo Sicilia 2010 MGM Mondo del Vino

充满活力淳朴的果味中葡萄柚皮的苦涩和香辛味让人感觉干燥、清爽。酸比较稳定。糖渍柠檬、洋梨、植物等低调的香气。[数据]不锈钢罐酿造，与沉淀一起陈酿6个月。[配菜]清蒸虾、葡萄和竹荚鱼沙拉。

---

090 白

尹卓莉亚
Inzolia

出产华丽的香气、酸度适中、柔和酒体的葡萄酒。与托斯卡纳大区沿海及岛屿栽培的安索尼卡(Ansonica)为同一品种。其他大区产地：托斯卡纳大区（安索尼卡）。

Cubia 2010 Cusumano

有光泽的安详的触感。感受到浓缩感的同时，融合了盐味、白胡椒风味，柑橘皮的苦涩，有张力、敏锐的后味。蜂蜜橙子、黄色花朵、石油、矿物的香气。[数据]大橡木桶发酵，与沉淀物一起陈酿6个月。[配菜]沙丁鱼和松果面条、煎旗鱼金枪鱼。

091 红	094 红	096 白	099 红

弗莱帕托
Frappato

在东南部拉古萨（Ragusa）周边地区栽培。出产带有红色果实的香气、单宁少、轻快多汁的红葡萄酒。

Frappato 2010 C.O.S

草莓和木莓般多汁。纯正、容易入口、酸度适中。也带有融合了石灰、植物风味的野性味。具有魅力而且轻快。具有红色系果实、碘的香气。数据 50%双табара细颈椭圆土罐（amphora），其余的水泥罐陈酿。配菜海胆面条、盐烤秋刀鱼。

派瑞科恩
Perricone

在西里西亚岛，尤其是西部地区栽培。出产颜色庄重、果味丰富的葡萄酒。酒体坚牢，能感到些微的苦味。在DOC Contea di Sclafani称呼其品种名。

"Arturo di Lanzeria" Sicitia 2008 Guccione

第一印象水分充足，但之后涌起黏稠的单宁和香辛味、带有异国情调。数据3000L的大桶发酵，橡木桶陈酿10个月。配菜羊肉和蔬菜烤串、黑啤煮猪肉块。

纳莱加斯
Nuragus

由腓尼基人传来的品种。也是栽培广泛的流行品种。一般来说风味清爽。也用来生产微起泡酒（Frizzante）。

Nuràgus di Cagliari "Tenute San Mauro" 2010 Cantina TREXENTA

已经完全成熟的印象，糖渍橙子般的甘苦和矿物感、香辛味相融合。没有突兀的地方，果味将整体包裹在内、舒畅的余味。香草糖果、苹果软糖、柑橘皮的香气。数据90%纳莱加斯、其他10%。配菜蟹肉沙拉、海鲜。

佳丽酿
Carignano

耐潮湿的海风及葡萄根瘤蚜病，现在也多采用无嫁接栽培。果杏味、单宁都比较有力。

Rocca Rubia Carignano del Suicis Riserva 2009 Santadi

糖渍黑色系果实的浓缩感中融合了细致的单宁和铁成分。虽有野性但无杂味，余味落落大方。洋李子汁、肉桂、黑胡椒、干花的香气。数据不锈钢罐发酵，法国产橡木桶旧桶陈酿12个月。配菜红葡萄酒煮羔羊肉、猪肉火锅。

092 红		097 白	100 红

马斯卡斯奈莱洛
Nerello Mascalese

在东北部卡塔尼亚（Catania）、墨西拿（Messina）地区栽培。代表产地是埃特纳火山（etna）地区和法罗(faro)。其他大区产地：卡拉布里亚大区。

Vigo Etna Rosso 2008 Romeo del Castello

细腻的果香中存在着细致的矿物质和酸。瓶身细长伸展、腰高，属上品。木莓、花朵、烟熏的香气。数据90%马斯卡斯奈莱洛、10%修士奈莱洛（Nerello Cppuccio），不锈钢罐发酵，法国橡木桶陈酿12个月。配菜海胆面条、烤土鸡。

Sardegna

撒丁大区

位于托斯卡纳大区以西180km的海上，虽然是地中海性气候，但在被岩石包裹的恶劣环境下葡萄酒的产量较少。从古代起就受到各个民族的影响，丰富多彩的葡萄品种被带进来、扎下根。红、白葡萄酒的比例大致相当。

维蒙蒂诺
Vermentino

从西班牙传来的品种。特征是华丽的芳香和优美的酸、丰富的矿物感。也用来生产起泡酒（Spumante）。其他产地：利古里亚大区、托斯卡纳大区。

"Monteoro" Vermentino di Gallura Superiore 2011 Sella e Mosca

柠檬蜜饯、苹果、哈密瓜、干薄荷的香气。虽然是微起泡葡萄酒，但从隐约残留的黏稠润滑的果味内部，粉状的矿物感喷涌而出。能感觉到盐味，敏锐的辛香型。数据不锈钢罐酿造。配菜盐煮虾，油炸蔬菜和鱼贝类。

莫尼卡
Monica

从西班牙传来的品种。出产果实的甜味低但酸度稳定、中等酒体的葡萄酒。也用来酿造微起泡酒（Frizzante）。

Monica di Sardegna 2010 Pala

糖渍草莓、生李子、铁、八角、焦油的香气。虽然有成熟的黑色系果实的味道，但并不沉闷，水分充足。慢慢地涌起适度的单宁和中草药的风味。数据不锈钢罐发酵，水泥罐陈酿6个月。配菜烤马肉、韭菜炒猪肝。

093 红	095 白	098 红	

黑珍珠
Nero d'Avola

意大利全境栽培。尤其是诺托（Noto）地区等东南部为著名产地。特征是裹挟着强劲单宁的强有力的果味。其他产地：卡拉布里亚大区。

Il Moro 2006 Valle Dell'acate

成熟滑润的完熟感。柔和的单宁、融合了中草药风味，甜中带苦的味道慢慢扩散开来，矿物质感使整体显得紧凑。黑莓、无花果干、色拉米香肠、八角、碘的香气。数据不锈钢罐酿造。配菜红葡萄酒煮羊肉、蚝油酱炒牛肉和蔬菜。

格拉纳
Granaccia

维纳奇亚.奥里斯塔诺（Vernaccia di Oristano）的别名。出产酒精度高、隐约有苦味、带有桃花香气的葡萄酒。

Perda Pinta 2011 Giuseppe Sedilesu

橙子果酱、焦糖、白胡椒、谷物、矿物的香气。白兰地般的芳醇、黏腻。重心低、悠然的余味一直持续。数据天然酵母，法国橡木桶酿造。配菜撒丁岛羊乳干酪、北京烤鸭。

卡诺娜
Cannonau

从西班牙的阿拉贡传入。与西班牙的歌海娜、法国的格连纳什为同一品种。

Arcais Cannonau di Sardegna 2010 Cantina Deidda

能感受到成熟感和水分感的同时，存在让舌尖麻酥酥的香辛味和年轻的单宁。干香草风味和咬开胡椒般的辣味使得恰到好处的乡土气息给人留下了美好印象。无花果果酱、甘草、烟熏的香气。数据不锈钢罐酿造。配菜羊肉串、烤排骨。

意大利
100 款
葡萄酒

李·哈德森（中）
Lee Hudson
唐纳德·帕兹（左）
Donald Paz
詹姆斯·霍尔（右）
James Hall
站在酿造家霍尔和负责销售的帕兹中间的是著名栽培家李·哈德森，得克萨斯州人。在亚利桑那州大学学习了园艺学后，在勃艮第的杜雅克酒庄（Domaine Dujac）工作。为了继续在UC Davis研究葡萄栽培和酿造学，回国。1981年，创立了哈德森Hudson葡萄园。

探寻栽培家和酿造家的关系

走进帕兹酒庄（Patz&Hall），体验超凡魅力的葡萄园

这次拜访的生产商分为两类：一类如彼特麦克酒庄（Peter Michael）等，拥有自有葡萄园的种植园型酒庄；另一类是像雷米酒庄（ramey）这样，只进行酿造活动的酒庄。对于后者来说，极为重要的就是和栽培家的关系。

长期建立起来的与栽培家之间的信赖关系

在纳帕南部设立了酒窖的帕兹酒庄（Patz&Hall）创建于1981年。从创业伊始到现在，一直没有自有葡萄园，仅使用从优秀的栽培家那里收购的葡萄进行酿酒活动。小批量系列（Small Lot）执着于表现各个产地的纯粹的性格，在各个工艺流程都进行严格筛选，每年以单一葡萄园为中心，只发售5~8种霞多丽葡萄酒。阵容有俄罗斯河谷的达顿园、卡内罗斯的海德园和哈德森园等，都是加利福尼亚首屈一指的伟大的葡萄园。"达顿园的5个区域中的其中一个是1969年栽植的古树区域，无比光荣的是，我们使用的就是那里的葡萄。"唐纳德说道。

很多生产者说，现在很难买到知名葡萄园里的葡萄，但是"正是因为这25年间，我们一直努力与栽培家建立起良好的关系，所以才能够从栽培家那儿买到最好质量的葡萄。这不是一两年就能做到的事哦"

和他们两人一起向卡内罗斯的哈德森园走去，对面著名栽培家李·哈德森脸上洋溢着阴媚的笑容正向我们走来。

著名栽培家种植的、让人垂涎欲滴的葡萄

虽然在欧洲的产地也有很多农家将种植的葡萄卖给葡萄酒厂，但是几乎没有一个生产者能够崭露头角。但是，这里是美国，能够种植出优质葡萄的著名栽培家颇受瞩目，以他们的名字命名的田地里的葡萄已经成为一种品牌，让酿造家们垂涎不已。卡内罗斯的李·哈德森（Lee Hudson）和拉里·海德（Larry Hyde）可以说是栽培家中的顶尖人物，帕兹酒庄（Patz&Hall）每年都使用这两家的葡萄酿造葡萄酒。

"哈德森园（Hudson）和海德园（Hyde）虽然距离很近，但是土壤不同，葡萄酒的性格也完全不一样。沙子和碎石多、黏土少的哈德森园，葡萄有着热带的桃子和肉桂的香气，很饱满。相反，黏土很多的海德园，葡萄有着柑橘类和花香的纯净的香气，酸度显得很突出。正是因为有着不同，才有了酿造单一园葡萄酒的意义。"唐纳德（Donald）说道，"不管是李·哈德森，还是拉里·海德，都以一种令人吃惊的细腻的心思去种植葡萄。能做到如此程度的人真是不多哦。"

虽然新栽培家会发生风险，但哈德森和海德已经深知帕兹酒庄的风格，会在风险发生前，送给他们想要的葡萄。

"好的葡萄园的三个要素是风土、克隆和田间管理。"李（Lee）说道。据说葡萄的生长也会受前一年气候影响，如果6月到8月的气候寒冷的话，叶子就会长得多，气候暖和的话，果实则会结得多。

田地
里的工作

因为采访时间是在1月中旬，正值冬季修剪的时期，所以经常能看到人们在田地中劳作的身影。听说在加利福尼亚，很多地方都进行两次冬季修剪。

65hm²里种植了10个品种，向30个生产者提供葡萄的哈德森园（Hudson）里，树下长着杂草。密集种植的葡萄树整齐排列，供货给帕兹酒庄的霞多丽区域被很认真地管理，景色也非常优美。

VINEYARD

1999年种植的威迪（Wente）克隆，果穗很小、果粒大小不等。虽然产量低，但因为文雅和具有复杂味，被认为是最有人气的克隆。但是，经过了几年的时光，各个田间也发生了细微的变化。

帕兹酒庄区域采用的是最费工夫，且需要熟练技术的种蔓修剪。前一年的树枝90%会被剪掉，剩下两个用来结果的主枝从第10个芽处剪断。根据克隆的种类，修剪的方法也不尽相同。

在聚集了很多公司和葡萄酒厂的卡内罗斯的仓库地区，2007年新建了酒窖。没有冗余的装饰，作业的确很方便。每年将清早收获的葡萄保持在低温状态下，运往质朴刚毅的建筑物中。

圣哥安（Seguin Moreau）公司特别为帕兹酒庄（Patz&Hall）定制的小橡木桶。使用的是风干3年的木头。不同的田地和年份，使用率会有差别，新橡木桶比例为40%~70%。一直到收获次年的4—5月份，每周都进行1次的酒渣搅拌。

CELLAR

新建的酒窖是特别为霞多丽和黑皮诺设计的。之前的17年一直都是租用卢瑟福的葡萄酒厂。"因为2007年是个优秀的年份，能在这儿酿造真是再好不过了。"

酒窖
中的工作

"不是插手去塑造出理想的风格，而是为使其自然地达到理想状态提供助力。"这是詹姆斯·霍尔（James Hall）最精辟的一句话。

哈德森酒庄干红葡萄酒2009
Hudson Vineyard 2009

横跨纳帕和索诺玛的卡内罗斯产区，两大著名栽培家的田地，哈德森园（Hudson）和海德园（Hyde）都在纳帕一侧。虽然两者的田地相距仅400~500m，但是风土却完全不同。和优雅纤细的海德Hyde相比，哈德森Hudson散放出洋梨、白桃、香料、香草的香气，弥漫着丰满、有厚度的美妙味道。

按照各个区域和克隆进行酿造。每周检查两次，MLF进行缓慢时会添加发酵菌。虽然混酿在MLF结束后进行，但如果间隔时间长，葡萄酒的味道会变得不够协调，所以时机很重要。

正因如此，这是常年的信赖关系带来的馈赠。

而且，适时收获的优质的葡萄会立即运至2007年新建的酒窖中进行酿造。为了得到没有杂味、酸度高的果汁，进行长达3小时的、缓慢的整串压榨。根据区域、克隆分别采用小橡木桶发酵。虽说基本的酿造工艺从创业初期一直到现在都没有变化，但是为了追求更加完美，也在不断地进行细节的改良，近年来已改为仅靠天然酵母发酵。

"因为这个地方还有很多其他的葡萄酒厂，仅靠天然酵母发酵很困难。但是为了追求品质，还是在实行。"

使用橡木桶的品牌是圣哥安（Seguin Moreau）和弗朗西斯（Francois Frame）。试用长期合作的圣哥安（Seguin Moreau）公司提供的各种橡木桶的样品，反馈酿造数据等，达成了良好的合作关系，完善这些细节目的就是离理想的类型更近一步。"葡萄酒酿造过程中很多事情是不可控制的。正因如此，才想好好地做好可以控制的部分。"詹姆斯（James）说道。

试着比较哈德森和海德，异国情调的哈德森，丝滑且保留着紧张感的海德，禁不住感慨同一个地区竟能诞生出如此迥异的两种风格。正是田地里、酒窖中工作的人们辛勤的付出和智慧的结晶，才成就了帕兹葡萄酒。

Wain Budou Hinsyu Kihon bukku

Winart 2013

Originally published in Japan in 2013 and all rights reserved

By BIJUTSU SHUPPAN-SHA CO., LTD.

Chinese (Simplified Character only) translation rights arranged through TOHAN
CORPORATION, TOKYO.

© 2019，简体中文版权归辽宁科学技术出版社所有。

本书由BIJUTSU SHUPPAN-SHA CO., LTD.授权辽宁科学技术出版社在中国出版中文
简体字版本。著作权合同登记号：第06-2014-230号。

版权所有·翻印必究

图书在版编目（CIP）数据

精品葡萄详解 /（日）《葡萄酒艺术》编辑部主编；赵
秀云译. —沈阳：辽宁科学技术出版社，2019.5
（葡萄酒的艺术）
ISBN 978-7-5591-0756-5

Ⅰ. ①精… Ⅱ.① 葡…　②赵…　Ⅲ.①葡萄酒—基本知
识　Ⅳ.①TS262.6

中国版本图书馆CIP数据核字（2018）第107729号

出版发行：辽宁科学技术出版社
　　　　　（地址：沈阳市和平区十一纬路25号　邮编：110003）
印　刷　者：辽宁新华印务有限公司
经　销　者：各地新华书店
幅面尺寸：185mm×260mm
印　　　张：11
字　　　数：500 千字
出版时间：2019 年 5 月第 1 版
印刷时间：2019 年 5 月第 1 次印刷
责任编辑：朴海玉
封面设计：周　周
版式设计：袁　舒
责任校对：徐　跃

书　　号：ISBN 978-7-5591-0756-5
定　　价：49.80 元

投稿热线：024-23284367　hannah1004@sina.cn
邮购热线：024-23284502